ISW Forschung und Praxis

Berichte aus dem Institut für Steuerungstechnik
der Werkzeugmaschinen und Fertigungseinrichtungen
der Universität Stuttgart

Herausgeber: Prof. Dr.-Ing. G. Pritsc

Band 82

Michael Jantzer

Bahnverhalten und Regelung fahrerloser Transportsysteme ohne Spurbindung

Springer-Verlag Berlin Heidelberg GmbH

D 93

Mit 38 Abbildungen

ISBN 978-3-540-52532-5 ISBN 978-3-662-05973-9 (eBook)
DOI 10.1007/978-3-662-05973-9

Gesamtherstellung: Druckerei Kuhnle, Esslingen

2362/3020-543210

Geleitwort des Herausgebers

In der Reihe „ISW Forschung und Praxis" wird fortlaufend über Forschungsergebnisse des Instituts für Steuerungstechnik der Werkzeugmaschinen und Fertigungseinrichtungen der Universität Stuttgart (ISW) berichtet, das sich in vielfältiger Form mit der Weiterentwicklung des Systems Werkzeugmaschine und anderer Fertigungseinrichtungen beschäftigt. Die Arbeiten dieses Instituts konzentrieren sich im besonderen auf die Bereiche Numerische Steuerungen, Prozeßrechnereinsatz in der Fertigung, Industrierobotertechnik sowie Meß-, Regel- und Antriebssysteme, also auf die aktuellsten Bereiche der Fertigungstechnik. Dabei stehen Grundlagenforschung und anwenderorientierte Entwicklung in einem stetigen Austausch, wodurch ein ständiger Technologietransfer zur Praxis sichergestellt wird.

Die Buchreihe erscheint in zwangloser Folge und stützt sich auf Berichte über abgeschlossene Forschungsarbeiten und Dissertationen. Sie soll dem Ingenieur bei der Weiterbildung dienen und ihm Hilfestellungen zur Lösung spezifischer Probleme geben. Für den Studierenden bietet sie eine Möglichkeit zur Wissensvertiefung. Sie bleibt damit unter erweitertem Namen und neuer Herausgeberschaft unverändert in der bewährten Konzeption, die ihr der Gründer des ISW, der leider allzu früh verstorbene Prof. Dr.-Ing. G. Stute, im Jahre 1972 gegeben hat.

Der Herausgeber dankt der Druckerei für die drucktechnische Betreuung und dem Springer Verlag für Aufnahme der Reihe in sein Lieferprogramm.

G. Pritschow

Vorwort

Die vorliegende Arbeit entstand während meiner Tätigkeit als wissenschaftlicher Mitarbeiter am Institut für Steuerungstechnik der Werkzeugmaschinen und Fertigungseinrichtungen (ISW) der Universität Stuttgart.

Dem Direktor des Instituts, Herrn Professor Dr.-Ing. G. Pritschow gebührt mein besonderer Dank für seine wohlwollende Unterstützung und Förderung der zu Grunde liegenden Forschungsarbeiten sowie für die Übernahme des Hauptberichtes. Herrn Professor Dr.-Ing. A. Storr danke ich für die sorgfältige Durchsicht der Arbeit und seine wertvollen Vorschläge.

Für die Erstellung des Mitberichts danke ich herzlich Herrn Prof. Dr.-Ing. H.-J. Warnecke.

Das kollegiale Umfeld am Institut und die Vielzahl von Diskussionen mit meinen Kolleginnen und Kollegen haben wesentlich zum Gelingen dieser Arbeit beigetragen. Hierfür möchte ich mich bei allen herzlich bedanken. Dieser Dank gilt insbesondere den Herren Dipl.-Ing. J. Heller, Dipl.-Ing.(FH) K. Urbich, Dipl.-Ing. R. Hagl und Dr.-Ing. M. Egner.

Ich möchte mich an dieser Stelle auch bei meinen studentischen Hilfskräften sowie den Damen im Sekretariat und im technischen Büro für die gute Zusammenarbeit bedanken.

Michael Jantzer

Inhaltsverzeichnis Seite

Formelzeichen und Abkürzungen

Einige Formelzeichen und Abkürzungen, die nur an einer Stelle verwendet werden und dort erklärt sind, wurden nicht in dieses Verzeichnis aufgenommen.

A, $\tilde{A}$	diskretisierte Systemmatrix in $(u-\underline{x}-y)$- bzw. $(\Delta u-\underline{\tilde{x}}-y)$-Beschreibung
A^*	Dynamic-System-Matrix
a_{max}	maximale Fahrzeugbeschleunigung
B	Abstand der Antriebsräder
$\underline{b}$, $\underline{\tilde{b}}$	Steuervektor in $(u-\underline{x}-y)$- bzw. $(\Delta u-\underline{\tilde{x}}-y)$-Beschreibung
$\underline{c}^T$, $\underline{\tilde{c}}^T$	Meßvektor in $(u-\underline{x}-y)$- bzw. $(\Delta u-\underline{\tilde{x}}-y)$-Beschreibung
D	Raddurchmesser, Dämpfungskonstante
$\underline{d}^T$	Vektor der Reglerkoeffizienten
$\vec{e}_{x''}, \vec{e}_{y''}$	Einheitsvektoren im Koordinatensystems des Drehkerns
$\underline{e}$	Vektor des zukünftigen Bahnfehlers
FTS	Fahrerloses Transportsystem
FZ	Fahrzeug
G^*	Rückführungsmatrix
$\underline{h}$	Beobachterrückführungsvektor
I, $(\tilde{I})$	(erweiterte) Einheitsmatrix
i	Getriebeübersetzung
J	Gütefunktion bei Optimierung, Trägheitsmoment
K_v	Geschwindigkeitsverstärkung
k	momentan betrachteter Zeitpunkt (Laufvariable, Index)
M	Optimierungshorizontlänge
m_{FZ}	Masse des Fahrzeugs
m_{Last}	Lastmasse
N	Steuerhorizontlänge

n	Systemordnung
Q	Fehlergewichtungsmatrix
R	Steuergewichtungsmatrix
R_x, R_y, R_γ	Fehler durch Linearisierung pro Abtastschritt
r	Radius des Antriebsrades
$r_{k,(min)}$	(minimaler) Krümmungsradius
s	Schlupf, Sollwert (Index)
$T_{(ab)}, \Delta t$	Abtastzeit
T_1	mechanische (dominante) Zeitkonstante
t	Zeit
t_k	Abtastzeitpunkt
t_m	Optimierungshorizont
t_n	Steuerhorizont
$u, (\overset{o}{u})$	(optimale) Steuergröße
$\Delta \underline{u}$	Vektor der zukünftigen Steuergrößenänderungen
$\Delta \overset{o}{\underline{u}}$	Vektor der optimalen zukünftigen Steuergrößenänderungen
v	Geschwindigkeit
v_i	Geschwindigkeit eines Antriebsrades
v_{FZ}, v_B	Geschwindigkeit des Fahrzeugmittelpunkts
w	Sollwert
$\underline{w}$	Sollwertprofil
$\underline{x}$	Zustandsvektor
$\underline{\tilde{x}}$	erweiterter Zustandsvektor
$\underline{\hat{x}}$	beobachteter Zustandsvektor
$x, \dot{x}, \ddot{x}$	Weg, Geschwindigkeit und Beschleunigung in x-Richtung
$\Delta x, (\Delta \tilde{x})$	absolute (angenäherte) Positionsänderung in x-Richtung pro Abtastung
y	Ausgangsgröße der Regelstrecke

$\hat{y}$	beobachtete Ausgangsgröße der Regelstrecke
$\underline{\tilde{y}}$	Vektor der prädizierten Ausgangsgrößen
$y, \dot{y}, \ddot{y}$	Weg, Geschwindigkeit und Beschleunigung in y-Richtung
$\Delta y, (\Delta\tilde{y})$	absolute (angenäherte) Positionsänderung in y-Richtung pro Abtastung
α	Schräglaufwinkel
$\beta_i, \dot{\beta}_i, \ddot{\beta}_i$	Winkel, -geschwindigkeit, -beschleunigung eines Fahrantriebes
β_{ik}	Winkel eines Fahrantriebs zum Zeitpunkt t_k
$\Delta\beta_i$	absolute Winkeländerung des Fahrantriebs pro Abtastung
$\gamma, \dot{\gamma}, \ddot{\gamma}$	Winkel, -geschwindigkeit, -beschleunigung der Fahrzeugorientierung
$\Delta\gamma, (\Delta\tilde{\gamma})$	absolute (angenäherte) Änderung der Fahrzeugorientierung pro Abtastung
$\delta, \dot{\delta}, \ddot{\delta}$	Winkel, -geschwindigkeit, -beschleunigung des Drehantriebs
$\Delta\delta$	absolute Winkeländerung des Drehantriebs pro Abtastung
μ	Reibkoeffizient zwischen Rad und Boden
$\phi, \dot{\phi}, \ddot{\phi}$	Winkel, -geschwindigkeit, -beschleunigung der Drehkernorientierung
ϕ_k	Drehkernorientierung zum Zeitpunkt t_k
$\phi_{s,k}$	Sollwert der Drehkernorientierung zum Zeitpunkt t_k
$\Delta\phi$	absolute Änderung der Drehkernorientierung pro Abtastung
ω_i	mittlere Achsgeschwindigkeit im Abtastintervall
ω_0	Systemeigenfrequenz (Nominalsystem)
ω_{Rad}	Winkelgeschwindigkeit des Antriebsrades
$\omega_{s,k}$	normierte Sollgeschwindigkeit des Fahrzeugmittelpunkts zum Zeitpunkt t_k
ω_{st}	tatsächliche Eigenfrequenz der Regelstrecke

1 Einleitung

1.1 Stand der Technik

Fahrerlose Transportsysteme (FTS) sind bereits seit vielen Jahren in Warenverteilsystemen und zur Ver- und Entsorgung von Fertigungs- und Montagesystemen im industriellen Einsatz /1/,/2/. Sie sind als Schlepper, Gabelhubwagen, Stapler oder Unterfahrschlepper ausgeführt /3/, /4/,/5/. Die Führung der Transportfahrzeuge erfolgt in der Regel entlang im Boden verlegter, stromdurchflossener Leitkabel mit Hilfe induktiver Sensoren, die abstandsproportionale Signale der Kursregeleinrichtung zur Verfügung stellen /6/. Diese Systeme erlauben einen klar strukturierten, von einem Leitsystem disponierbaren Materialfluß, ohne daß separate Schienen oder Trassen in den Produktionsanlagen vorzusehen sind. Aufgrund dieser Vorteile haben sich fahrerlose Transportsysteme gegenüber starren Transportmitteln (z.B. Stetigförderern) und bemannter Transportfahrzeuge in vielen Bereichen des inner- und außerbetrieblichen Materialflusses bereits durchgesetzt. Trotz ihrer weiten Verbreitung weisen herkömmliche Transportsysteme große Schwächen hinsichtlich Flexibilität sowie Eingriffsmöglichkeiten durch den Anwender auf.

Im folgenden werden einige charakteristische Merkmale herkömmlicher FTS stichpunktartig aufgeführt, die insbesondere für die Konzeption einer neuen Generation von FTS, den fahrerlosen Transportsystemen ohne Spurbindung, von Bedeutung sind:

* FTS-Fahrzeuge werden spurgebunden entlang induktiver oder optischer Leitlinien geführt. In den vergangenen Jahren sind Fahrzeuge von verschiedenen FTS-Herstellern entwickelt worden, die für kurze Stichstrecken (5m...8m) und Kurvenfahrten die Leitspur vorübergehend verlassen /7/,/8/,/9/,/10/.

* Der weitaus größte Anteil der Fahrzeuge besitzt keine Bahnsteuerung, d.h. der Lenkantrieb wird lediglich durch die Leitliniensensorik angesteuert. Dies gilt nicht für Fahrzeuge, die den Leitdraht verlassen können.

* Es besteht in der Regel keinerlei Änderbarkeit der Steuerungsprogramme auf Leitrechnerebene durch den Anwender. Die Programme auf dem Fahrzeugrechner selbst sind in Assembler realisiert und können lediglich vom Hersteller modifiziert werden (z.B. erforderliche Programmänderungen bei der Übergabe von Transportgütern).

* Die Bedienoberfläche ist beschränkt auf eine reine Anlagenbedienung, z.B. Eingabe von Standort des Fahrzeugs und Zieladresse eines Transportauftrags.

* Die Instandhaltung sowie die Behebung von Störfällen stellt für den Anwender ein großes Problem dar, da eine ausreichende Transparenz der Anlagensteuerung in den seltensten Fällen gegeben ist.

* Die Datenübertragung zwischen Leitrechner und Fahrzeugsteuerung erfolgt induktiv über zusätzliche, im Boden versenkte Schleifen, selten über den Leitdraht selbst oder über Funk oder Infrarot.

* Als Fahrzeuge sind vorwiegend linienbewegliche Fahrzeuge im Einsatz (Vor- und Rückwärtsfahrer). Dabei deckt das Dreiradfahrzeug (eine Lenkachse mit Fahrantrieb) ca. 80% aller Einsatzfälle ab. Ein kleiner Teil der Fahrzeuge sind auch als querfahrende Koordinatenfahrzeuge (flächenbewegliche Fahrzeuge) ausgeführt.

* Kollisionsschutz der Fahrzeuge untereinander (Verkehrsregelung) erfolgt durch eine Blocksteuerung. Für lange gerade Strecke, z.B. beim Einsatz der Fahrzeuge als Montageplattform wird mit Hilfe zusätzlicher Sensoren der Abstand der Fahrzeuge untereinander gesteuert.

* Kollisionsschutz für Personen und Gegenstände erfolgt durch Bumper, die bei einem mechanischen Kontakt ein NOTAUS-Signal generieren. Vereinzelt sind auch zusätzliche Sensoren (Lichttaster oder Ultraschall-Sensoren) bei Geschwindigkeiten größer als 1m/s im Einsatz.

Die Geschwindigkeit der Fahrzeuge in auch für Menschen zugänglichen Fahrräumen ist derzeit auf 1m/s beschränkt. Dies ist eine Folge der fehlenden Selbstüberwachung und dem zu geringen Überwachungsbereich bestehender Sensorsysteme. Weiterhin ist ein Seitensicherheitsabstand von 500mm einzuhalten. Die Haltegenauigkeiten der Fahrzeuge in Bewegungsrichtung z.B. vor Übergabestellen betragen im günstigsten Falle ± 3mm /11/. Die geforderte Bahngenauigkeit entlang des Fahrkurses beträgt ± 10cm in breiten Gängen oder im Freien und ± 30mm in Gängen nahe stationärer Konturen.

Als zentrale Schwachstelle herkömmlicher FTS ist das Navigationsprinzip entlang der im Boden versenkten Leitspur zu betrachten (spurgebundene Führung), da dadurch die Flexibilität insbesondere hinsichtlich Streckenänderungen stark eingeschränkt wird /8/. Aus der Literatur sind bereits verschiedene vergleichende Untersuchungen von Sensorsystemen zur spurungebundenen Führung der Transportmittel entlang sogenannter virtueller Leitlinien bekannt /12/, /13/, /14/. Prinzipiell lassen sich hierbei die kontinuierliche Referenzbildung im gesamten Fahrfeld und die diskrete Referenzierung an vorgegebenen Punkten unterscheiden (siehe Bild 1.1).

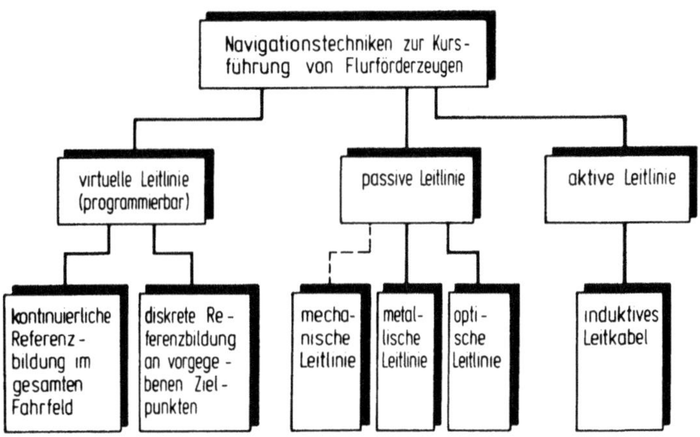

Bild 1.1: Navigationstechniken zur Kursführung fahrerloser Flurförderzeuge

In verschiedenen Entwicklungsarbeiten wurden insbesondere Navigationstechniken mit einer kontinuierlichen Erfassung der Umwelt oder strukturierter Teilbereiche untersucht /15/, /16/, /17/, /18/, /19/, /20/, /21/, /22/. Navigationskonzepte, die eine Kombination einer Absolutsensorik zur diskreten Positionserfassung und eine indirekte Positionserfassung mit Hilfe der sogenannten Koppelnavigation unter Verwendung von Winkelmeßsystemen an den angetriebenen Rädern oder zusätzlichen Meßrädern vorsehen, wurden bisher kaum untersucht /23/. Untersuchungen hinsichtlich der erreichbaren Bahngenauigkeiten bei diesem Navigationsprinzip auch unter Betrachtung der unterschiedlichen Fahrzeugkinematiken sind nicht bekannt.

Vor einer Entwicklung fahrerloser Transportsysteme ohne Spurbindung und der Analyse des Bahnverhaltens ist es zunächst erforderlich die Anwendungsgebiete von FTS zu klassifizieren, um daraus erste sinnvolle Einsatzgebiete und deren spezifische Anforderungen abzuleiten.

1.2 Klassifizierung der Anwendungsgebiete von fahrerlosen Transportsystemen

Generell lassen sich Anwendungsgebiete für fahrerlose Transportsysteme nach folgenden Merkmalen klassifizieren:

- Einsatzgebiet,
- Transportstruktur,
- Bodenbeschaffenheit,
- Anwendertyp,
- Komplexität der Anlage und
- Art der Lastübergabe.

Einsatzgebiete von FTS sind sowohl der Makrobereich als auch der Mikrobereich /5/. Der Makrobereich beinhaltet zum einen zwischenbetriebliche Transporte, d.h. die Verknüpfung von verschiedenen Werkseinheiten (Lagerhalle - Produktionsgebäude, Prüfhalle - Fertigteilelager, usw.), und zum anderen innerbetriebliche Transporte, d.h. die Verknüpfung innerhalb eines Betriebsbereichs (Fertigung - Montage,

Montage - Lager, usw.). Für die zwischenbetrieblichen Transporte sind überwiegend Schleppzüge im Einsatz, während bei innerbetrieblichen Transporten das gesamte Spektrum von fahrerlosen Flurförderzeugen herangezogen wird (siehe Merkmal "Art der Lastübergabe"). Bei zwischenbetrieblichen Transporten müssen Maßnahmen ergriffen werden, die Kollisionen mit anderen Transport- und Verkehrstechniken verhindern. Dies können Absperrungen, besondere Fahrzonen oder auch Ampeleinrichtungen sein. Darüber hinaus treten bei Fahrten im Freigelände auch wetterbedingte Störungen wie Schneefall, Glatteisbildung oder starke Windböen auf. Der Mikrobereich beinhaltet die produktionstechnischen Transporte, wie z.B. die Verkettung einzelner Fertigungseinrichtungen oder die Verkettung von Montagearbeitsplätzen. Dient das Transportmittel der Verknüpfung von Fertigungsmaschinen, so ist das Fahrzeug meist integrierter Bestandteil der Produktionsanlage (z.B. in einem flexiblen Fertigungssystem). Dient das Fahrzeug der Verknüpfung von Montagearbeitsplätzen, so kann es gleichermaßen als Transportmittel und Arbeitsplatz genutzt werden.

Unabhängig vom Einsatzgebiet wird der Transportcharakter auch durch die Transportstruktur bzw. den Transportablauf beschrieben /5/. Man unterscheidet hierbei die Sternstruktur, die vollvermaschte Struktur, den Rundkurs und die Linienstruktur. Es ist offensichtlich, daß die vollvermaschte Struktur, wie sie z.B. in einem verketteten Fertigungssystem vorliegt, einen deutlich höheren steuerungstechnischen Aufwand erfordert, als dies beim Abfahren eines festgelegten Rundkurses einer Montageanlage der Fall ist.

Ein weiteres Klassifizierungsmerkmal stellt die Bodenbeschaffenheit dar. Dabei lassen sich Reinraumanwendungen (Transport in der elektronischen Bauteilefertigung), Anwendungen in normal gereinigten Räumen (Transporte im Büro-, Lager-, Montage-, Verpackungs- oder Krankenhausbereich) und Anwendungen in Fertigungsumgebungen unterscheiden. In der Fertigungsumgebung ist mit Verschmutzungen wie Ölflecken auf dem Boden oder Graphitstaub zu rechnen. Dieses Klassifizierungsmerkmal hat im wesentlichen Auswirkungen auf die zur Navigation erforderlichen Sensorkonzepte.

Große Auswirkungen auf den Charakter einer FTS-Anlage hat auch das Anforderungsprofil aus Anwendersicht. Die erste Gruppe von Anwendern möchte eine schlüsselfertige Lösung, die ohne direkte Verbindung zu anderen Rechnern des Betriebs arbeitet. Dabei tritt eventuell die Forderung nach Übernahme von Funktionen der Fertigungssteuerung durch den FTS-Anlagenrechner auf. Eine zweite Gruppe wünscht eine Integration des FTS in einen bereits bestehenden Materialfluß. Das FTS soll dabei entweder autark oder in Abhängigkeit der anderen Materialflußsysteme zeitoptimal betrieben werden. Dieser Anwenderkreis stellt dann auch meist hohe Anforderungen an die Transparenz und die Änderbarkeit oder wünscht gar eine selbständige Implementierung der Steuerungssoftware in den vorhandenen Materialflußrechner.

Als weiteres Klassifizierungsmerkmal kann die Komplexität der Anlage herangezogen werden. Dabei spielt in erster Linie die Anzahl der Fahrzeuge, die Anzahl der Übergabestationen und die Länge der Fahrstrecke eine wesentliche Rolle. Es ist nicht möglich ausgehend vom Einsatzgebiet eine Aussage bezüglich der zu erwartenden Komplexität eines FTS zu machen. Wichtige Kenngröße eines FTS ist das Verhältnis Fahrzeuge zu Übergabestationen, da sich hieraus ableitet, ob ein hoher Aufwand stationär in der Leitebene (zentrale Steuerungsstruktur) oder mobil auf der Fahrzeugseite (dezentrale Steuerungsstruktur) gerechtfertigt ist.

Als letztes Merkmal dient die Art der Lastübergabe. Hierbei ist eine Unterscheidung in vier Arten der Lastübergabe möglich:

- Lastübergabe Flur auf Flur (Gabelhubwagen; ca. 34% aller Fahrzeuge),
- Lastübergabe mit gleichzeitiger Höhenverstellung,
- Lastübergabe über Flur (Trägerfahrzeuge wie Unterfahrgeräte und Montagefahrzeuge; ca. 38% aller Fahrzeuge) und
- Lasttransport durch Anhänger (Schlepper).

Abhängig vom FTS-Hersteller und dem jeweiligen Transportgut sind sehr unterschiedliche mechanische Ausführungen dieser Übergabearten vorzufinden /11/. Ein Lasttransport durch Anhänger tritt in erster Linie beim zwischenbetrieblichen Transport auf, während bei innerbetrieblichen und produktionstechnischem Transport eine große Vielfalt hinsichtlich der Lastübergabe anzutreffen ist.

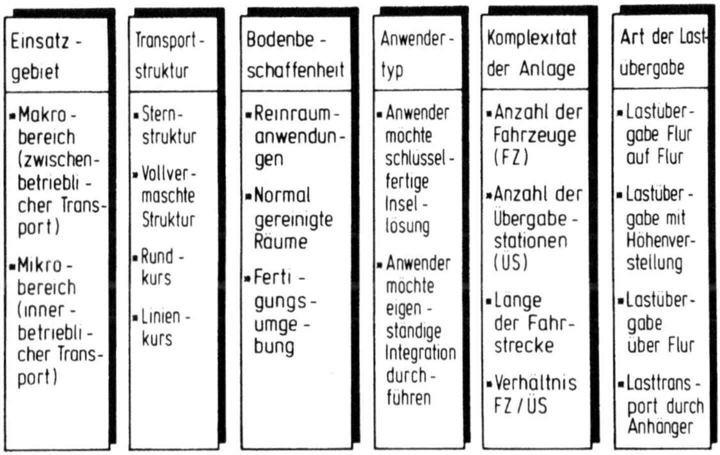

Bild 1.2: Klassifizierungsmerkmale für fahrerlose Transportsysteme

In Bild 1.2 sind die Klassifizierungsmerkmale für FTS graphisch dargestellt. Aus der dargestellten Klassifizierung und der daraus ersichtlichen starken Überschneidung von Merkmalen auch bei völlig unterschiedlichen Transportaufgaben wird die Unmöglichkeit deutlich, ein universelles fahrerloses Transportsystem ohne Spurbindung zu konzipieren. Es ist daher sinnvoll, zunächst das Anwendungsgebiet einzuschränken.

1.3 Zielsetzung und Aufgabenstellung der Arbeit

Im Mittelpunkt der vorliegenden Arbeit steht die Untersuchung des

Bahnverhaltens fahrerloser Transportsysteme ohne Spurbindung und die Erarbeitung von regelungstechnischen Maßnahmen zur Erhöhung der Bahngenauigkeit bei ausschließlicher Verwendung direkter Winkelmeßsysteme an den Fahr- und Lenkantrieben der jeweiligen Transportmittel. Zur experimentellen Verifikation der theoretischen und simulativen Ergebnisse wurde ein hochflexibles Transportsystem konzipiert und aufgebaut, das sich insbesondere für den Einsatz in engen Produktionsumgebungen eignet.
Diese Einschränkung des Anwendungsbereichs resultiert in erster Linie aus wirtschaftlichen Überlegungen. Da bei einer leitdrahtlosen Führung grundsätzlich mit höheren Investitionen auf Seiten der mobilen Transportmittel zu rechnen ist, stehen Anwendungsbereiche im Vordergrund, die mit herkömmlichen fahrerlosen Transportsystemen nicht oder nur mit großen Aufwendungen (z.B. großem Installationsaufwand für die Bodenanlage) zu bewältigen sind. Unter folgenden Randbedingungen ist dies der Fall:

* viele unterschiedliche, gegebenenfalls auch sich überschneidende Fahrstrecken,
* häufige Änderungen der Fahrstrecken und/oder der Übergabefunktionen im Betrieb,
* stark eingeschränkter Bewegungsraum für die Fahrbewegungen insbesondere vor Übergabestationen,
* kurze Transportwege, d.h. Fahrstrecken kleiner als 25m, zwischen den einzelnen Übergabepunkten sowie
* deutlich mehr Übergabestationen als Fahrzeuge.

Daraus wird deutlich, daß als Einsatzgebiet für die spurungebundene Führung zunächst der Mikrobereich also der innerbetriebliche Transport bei stark vermaschter Transportstruktur in Frage kommt. Potentieller Anwender für den Einsatz spurungebundener Transportsysteme ist ein Anwender, der die Integration der FTS-Anlage in seinem Materialfluß selbst planen und durchführen möchte. Bei verketteten Fertigungssystemen ist dies meist der Fall, so daß die am Institut für Steuerungstechnik aufgebaute CIM-Anlage als praxisnahes Anwendungsbeispiel dient /63/.

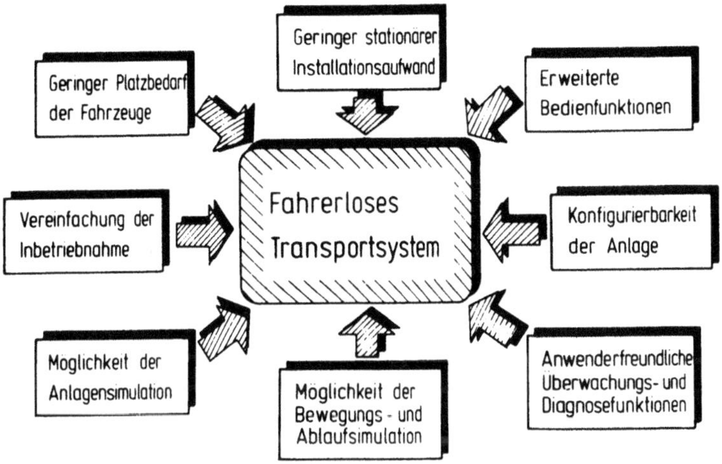

Bild 1.3: Globale Anforderungen an ein fahrerloses Transportsystem in engen Produktionsumgebungen

Ausgehend von den in Bild 1.3 dargestellten globalen Anforderungen an fahrerlose Transportsysteme für enge Produktionsumgebungen (siehe auch /23/) soll das im Rahmen der vorliegenden Arbeit entwickelte Transportsystem "FLEXL" folgende Zielvorgaben erfüllen:

* hohe Beweglichkeit in engen Fahrräumen,
* hohe Bahngenauigkeit bei ausschließlicher Verwendung direkter Winkelmeßsysteme an den Fahr- und Lenkantrieben,
* Möglichkeit der freien Vorgabe der Rahmenorientierung des Fahrzeugs entlang beliebiger Bewegungsbahnen,
* Fähigkeit zum sensorgeführten bzw. -geregelten Positionieren vor Übergabestationen und
* einfache Projektierbarkeit und Inbetriebnahme des Transportsystems durch die Möglichkeit einer Anwenderprogrammierung in Hallenkoordinaten.

Aufgrund der zentralen Bedeutung des kinematischen Aufbaus der Transportmittel hinsichtlich der Mobilität, der erreichbaren Bahngenauigkeit und des erforderlichen Inbetriebnahmeaufwandes steht die Untersuchung unterschiedlicher kinematischer Konzepte am Anfang der Arbeit. In der daran anschließenden Analyse des Bahnverhaltens selbststeuernder Transportsysteme ohne Spurbindung stehen die folgenden Fragestellungen im Mittelpunkt:

* Welche kinematischen Konzepte für die Transportmittel eignen sich insbesondere für die spurungebundene Führung?
* Mit welcher Genauigkeit läßt sich die Fahrzeugposition aus den direkten Winkelmeßsystemen bestimmen?
* Läßt sich eine Geometrievorgabe in Raumkoordinaten bewerkstelligen? Welcher Aufwand ist damit verbunden, und welche Bahnfehler können entstehen?
* In welcher Größenordnung liegen dynamische Bahnabweichungen? Welche Konsequenzen hat dies auf die Reglerstruktur zur Bahnführung?

Die mit Hilfe des aufgebauten Transportsystems ermittelbaren Positionsabweichungen in den Zielpunkten bei spurungebundener Führung unter ausschließlicher Verwendung direkt messender Winkelmeßsysteme zwischen zwei Referenzpositionen, dienen als Anhaltswerte für die Planung und Auslegung fahrerloser Transportsysteme ohne Spurbindung.

2 Untersuchung unterschiedlicher kinematischer Konzepte für selbststeuernde, spurungebundene Transportfahrzeuge

2.1 Anforderungen an die Fahrzeugkinematik

In normalen Produktionsanlagen ist der für die Transportmittel zur Verfügung stehende Bewegungsraum stark eingeschränkt. Herkömmliche Transportfahrzeuge sind daher oftmals allein aufgrund ihres ungünstigen kinematischen Aufbaus und der dadurch bedingten begrenzten Beweglichkeit nicht einsetzbar. Möchte man zudem ohne im Boden verlegte Leitkabel verfahren, so lassen sich die folgenden generellen Anforderungen an die Transportfahrzeuge formulieren:

- geringer Raumbedarf bei Kurvenfahrten,
- hohe Beweglichkeit in engen Fahrräumen,
- hohe Bahngenauigkeit bei ausschließlicher Verwendung von Drehgebern an den Fahr- und Lenkantrieben,
- Möglichkeit der freien Vorgabe von Rahmenorientierung entlang beliebiger Bewegungsbahnen und
- einfache kinematische Beziehungen.

Die hohe Beweglichkeit ist insbesondere bei Positionierbewegungen vor Übergabestationen erforderlich. Eine Minimierung des Raumbedarfs ist prinzipiell durch die Verwendung flächenbeweglicher Fahrzeuge (3 Freiheitsgrade) gegeben, da durch die frei wählbare Rahmenorientierung entlang einer beliebigen Bahn der erforderliche Raumbedarf allein durch die Fahrzeugkontur vorgegeben ist. Dies kann zu einer Senkung des stationären Installationsaufwandes und zu einer Vereinfachung der Inbetriebnahme insbesondere hinsichtlich der Positionierung vor Übergabestellen führen (geregeltes Positionieren ist möglich).

Eine hohe Bahngenauigkeit bei ausschließlicher Verwendung von Drehgebern an der Lenk- und Fahrantrieben erfordert die folgenden Randbedingungen:

* möglichst schlupffreie Erfassung der Fahrzeugposition unter Verwen-

dung direkter Meßsysteme am Getriebeausgang,
* möglichst exakte Bestimmbarkeit des Raumlagewinkels der Fahrzeuge,
* einfach und genau ausrichtbare Bewegungsachsen,
* kinematisch bestimmter Aufbau und
* möglichst geringe dynamische Bahnabweichungen bei Kurvenfahrten.

Ein kinematisch bestimmter Aufbau, d.h. die Anzahl der Bewegungsachsen ist gleich der Anzahl der damit möglichen Freiheitsgrade der Bewegung, hat den Vorteil, daß entgegengerichtete Relativbewegungen zwischen einzelnen Bewegungsachsen, die Schlupf und damit undefinierte Fahrzustände hervorrufen können, nicht auftreten. Zudem gehen damit auch einfache kinematische Beziehungen einher, was zu einem niedrigen On-line-Rechenaufwand führt (siehe Abschnitt 3.3).

2.2 Neuartige Fahrwerkvarianten für fahrerlose Transportsysteme

Kinematische Konzepte für fahrerlose Transportsysteme sind stark abhängig von der jeweiligen zu lösenden Transportaufgabe und der dabei erforderlichen Lastübergabe (z.B. Lastübergabe Flur auf Flur oder mit gleichzeitiger Höhenverstellung). Daher kann es keine universelle, optimale Fahrzeugkinematik für fahrerlose Transportsysteme geben. Gesucht ist daher ein Konstruktionsprinzip, das den im vorherigen Abschnitt formulierten hohen Anforderungen der spurungebundenen Führung in engen Produktionsumgebungen gerecht wird, gleichzeitig aber auch unterschiedliche Lastübergabetechniken ermöglicht.

Bei herkömmlichen Transportfahrzeugen /4/,/7/ sind Bahnrichtungsänderungen aus dem Stand heraus, wie diese beispielsweise bei Positionierbewegungen erforderlich sein können, nur möglich unter Inkaufnahme von Bohrschlupf. Derartiger Bohrschlupf führt jedoch zu Abrieb an den Antriebsrädern und einer Beschädigung der Fahrbahnoberfläche. Dadurch wird die erreichbare Bahngenauigkeit bei spurungebundener Führung stark beeinträchtigt. Um derartige Effekte zu vermeiden wurden neuartige kinematische Konzepte für fahrerlose Transportsysteme entworfen (siehe auch /24/,/25/). Die Fahrwerke sind dadurch gekennzeichnet, daß sie über einen oder mehrere Drehkerne mit exzentrisch angebrachten Fahreinheiten verfügen. In Bild 2.1 ist das Konstruktionsprinzip des Drehkerns mit den jeweiligen Antriebseinheiten und Meßsystemen dargestellt.

Die Varianten 1...4 stellen unterschiedliche Konfigurationsmöglichkeiten dar. Dadurch wird deutlich, daß das Konstruktionsprinzip auch bei unterschiedlichen Anforderungen an die Lastübergabeeinrichtungen einsetzbar ist. So ist beispielsweise die Variante 1 geeignet für Gabelhubwagen, während sich die Varianten 3 und 4 eine Aufnahme hoher

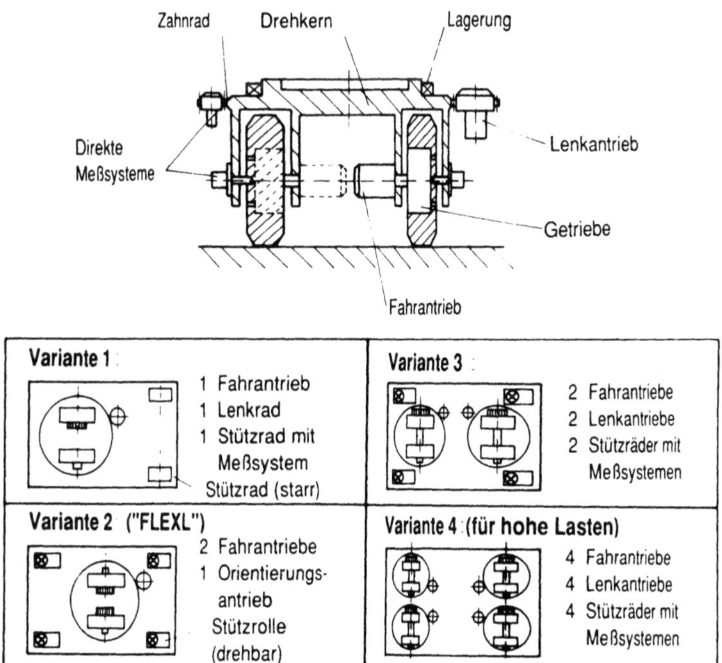

Bild 2.1: Neuartige kinematische Konzepte für fahrerlose Transportsysteme

Lasten und eine Lastübergabe Flur auf Flur ermöglichen. Bei diesen drei Varianten ist jeweils ein Fahrantrieb und ein Meßsystem pro Drehkern vorgesehen. Gegebenenfalls kann auch auf die Stützräder verzichtet werden. Bei der Variante 2 sitzt der Drehkern in der Fahrzeugmitte und verfügt über zwei exzentrisch angebrachte Fahrantriebe. Über den angedeuteten Lenk- oder Orientierungsantrieb ist eine Relativbewegung zwischen Drehkern und Fahrzeugrahmen möglich. Damit ist das Fahrzeug in der Lage, mit nur drei Motoren entlang jeder Bahn in der Ebene bei beliebiger Orientierung des Fahrzeugrahmens zu verfahren. Es eignet sich insbesondere als Unterfahrschlepper mit einer Lastübergabe über Flur.

2.3 Vergleichende Bewertung unterschiedlicher Fahrwerkvarianten

Zur vergleichenden Bewertung unterschiedlicher kinematischer Konzepte (Fahrwerkvarianten) werden folgende Kriterien herangezogen

- Raumbedarf bei Kurvenfahrten,
- Beweglichkeit in engen Arbeitsräumen,
- Komplexität der kinematischen Gleichungen,
- Bahngenauigkeit und Fahrsicherheit (bzgl. Schlupf),
- Erreichbare Lenkdynamik (entlang Leitspur) sowie
- Konstruktiver und fertigungstechnischer Aufwand.

Diese Kriterien werden im weiteren verwendet, um die unterschiedlichen Fahrwerkvarianten zu beurteilen. Im Bild 2.2 sind die wichtigsten Fahrwerkvarianten von linien- und flächenbeweglichen Transportfahrzeugen unter Berücksichtigung der im vorherigen Abschnitt erläuterten neuartigen Fahrzeugkinematiken dargestellt. Die angetriebenen Räder sind jeweils durch einen Fahrantrieb gekennzeichnet. Zudem ist die Anbringung der direkten Winkelmeßsysteme am angetriebenen Rad oder am Meßrad angedeutet.

Die im folgenden ausführlich diskutierten Eigenschaften und Merkmale der unterschiedlichen Fahrwerkvarianten sind in Bild 2.3 zusammenfas-

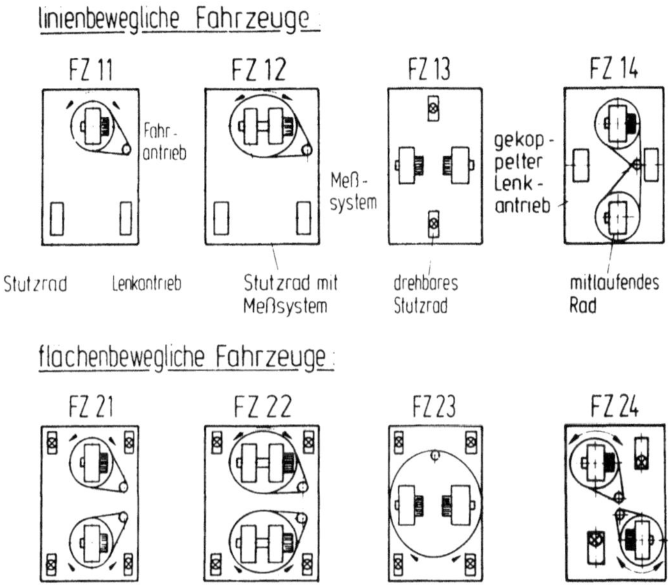

Bild 2.2: Fahrwerkvarianten für spurungebundene linien- und flächenbewegliche Transportfahrzeuge

send dargestellt. Dabei wurde das Fahrzeug vom Typ FZ24 nicht extra aufgeführt, da es keine systematischen Unterschiede zum Typ FZ21 aufweist. Dieses Fahrzeug erfordert lediglich bei Kurvenfahrt eine unterschiedliche Ansteuerung der Antriebe.

Die Beweglichkeit der Fahrzeuge, die möglichen Fahrbewegungen und auch der Raumbedarf bei Kurvenfahrten werden im wesentlichen durch die Anzahl der Freiheitsgrade der Bewegung bestimmt. Man unterscheidet linienbewegliche Fahrzeuge mit zwei Freiheitsgraden und flächenbewegliche Fahrzeuge mit drei Freiheitsgraden. Die Fahrzeuge vom Typ FZ11, FZ12, FZ13 und FZ14 sind linienbeweglich. Es ist zwar prinzipiell möglich, diese Fahrzeuge entlang jeder beliebigen Bahnkurve zu führen, jedoch ist die Orientierung des Fahrzeugrahmens zur Bahnkurve durch das jeweilige Fahrwerk fest vorgegeben. Im allgemeinen ist dadurch der Raumbedarf bei Kurvenfahrten größer als bei flächenbeweglichen Fahrzeugen. Da der Manövrierraum der Fahrzeuge normalerweise stark eingeschränkt ist, versucht man bei linienbeweglichen Fahrzeugen durch Verändern bzw. Nachbessern der Sollbahn den Raumbedarf den örtlichen Gegebenheiten in der Fabrikhalle anzupassen. Die linienbeweglichen Fahrzeuge vom Typ FZ13 und FZ14 benötigen bei kreisförmigen Kurvenfahrten minimalen Arbeitsraum, da der Fahrzeugmittelpunkt gleichzeitig Drehachse ist. Es ist zudem möglich, das Fahrzeug FZ13 im Stand um die Fahrzeugmittelachse zu drehen, ohne daß Bohrschlupf auftritt.

Im Unterschied zum Fahrzeug FZ11 ist das Fahrzeug FZ12 in der Lage die Lenkachse im Stand zu drehen ohne Bohrschlupf hervorzurufen. Dadurch läßt sich das Fahrzeug FZ12 auf engem Raum besser manövrieren. Auch die Fahrzeuge FZ21 und FZ24 besitzen diesen Nachteil, obwohl sie flächenbeweglich sind und daher prinzipiell alle Bewegungen in der Ebene ermöglichen.
Wie bereits dargestellt, besitzen die flächenbeweglichen Fahrzeuge FZ22 und FZ23 diesen Nachteil nicht. Es sind aus dem Stand heraus alle Bewegungen (translatorische und rotatorische) des Fahrzeugrahmens möglich. Eine derartige Beweglichkeit ist für das geregelte, ebene Positionieren (z.B. vor Übergabestellen) grundsätzlich erforderlich. Im Unterschied zum Fahrzeug FZ22 benötigt das Fahrzeug FZ23 lediglich drei Antriebseinheiten für drei Freiheitsgrade und ist damit kinematisch bestimmt.

Es sind noch verschiedene Variationen der im Bild 2.2 dargestellten Fahrwerke möglich. Zum Beispiel lassen sich die Fahreinheiten der Fahrzeuge FZ21 und FZ14 auch seitlich anordnen. Zudem sind noch Varianten mit vier und mehr Bewegungseinheiten möglich. Dies hat jedoch keinen Einfluß auf die Beweglichkeit und den erforderlichen Raumbedarf der Fahrzeuge. Weiterhin kann der Ersatz eines Antriebsrades (Typ FZ21) durch ein Stützrad mit Wegmeßsystem sinnvoll sein. Dies macht das Fahrzeug zwar kinematisch bestimmt und damit geeignet für das spurungebundene Fahren mit direkten Meßsystemen, jedoch ist

Typ	Fahrwerk	Beweglichkeit und mögliche Fahrbewegung	Bahngenauigkeit, Kinematik und Dynamik der Lenkbewegung	Bemerkungen
FZ 11	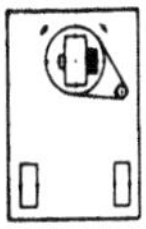	. Linienbeweglich (zwei Freiheitsgrade) . Geradeausfahrt und Drehen um Hinterachse . Rückwärtsfahrt bei reduzierter Geschwindigkeit möglich	. Hohe Dynamik bei Lenkbewegungen (z.B. entlang vorgegebener Leitspur) . Geringe Bahngenauigkeit bei Kurvenfahrten auf Grund von Schleppfehlern im Lenkantrieb	. Durch Benutzung der Stützräder als Meßräder nahezu schlupffreie Erfassung der Fahrzeugposition
FZ 12	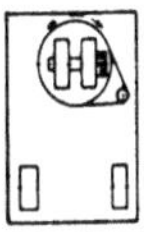	. Analog FZ 11 . Drehen der Lenkachse im Stand möglich	. Genaue Bahnerfassung durch mitlaufendes Meßrad . Dynamisch verkoppelte Lenk- und Fahrantriebe (gekoppeltes Mehrgrößensystem)	. Meßsystem am Fahrantrieb kann entfallen . Meßrad erfährt nie Bohrschlupf, da Momentandrehpol stets auf der Hinterachse liegt
FZ 13	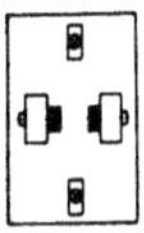	. Linienbeweglich (zwei Freiheitsgrade) . Geradeaus- und Rückwärtsfahrt . Drehen um Mittelachse und Mittelpunkt	. Geringe Dynamik bei Lenkbewegungen . Hohe Bahngenauigkeit bei spurungebundener Kurvenfahrt (symmetrische Anordnung der dynamisch gleichen Antriebe)	. Einsatz eines drehbaren Stützrades mit zusätzlichen Meßsystemen denkbar
FZ 14	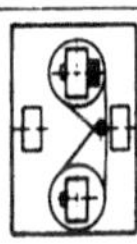	. Analog FZ 13	. Analog FZ 11 . Genaue Bahnerfassung durch mitlaufendes Rad	. Durch gekoppelten Lenkantrieb hohe Beweglichkeit und geringer Raumbedarf bei Kurvenfahrt
FZ 21	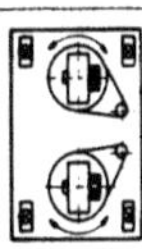	. Flächenbeweglich (drei Freiheitsgrade) . Kinematisch überbestimmt . Alle Bewegungen in Ebene möglich	. Analog FZ 11 (bezüglich beider Lenk- und Fahreinheiten) . Bahngenauigkeit wird durch ungenaues Ausrichten der Lenk- und Fahreinheiten stark beeinträchtigt	. Drehen der Lenkantriebe im Stand bewirkt Bohrschlupf . Ein Fahrantrieb kann durch Stützrad mit Meßsystem ersetzt werden; dadurch kinematisch bestimmt (Querfahrt nicht möglich)
FZ 22	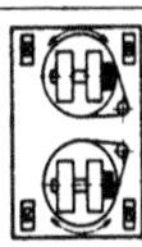	. Analog FZ 21 . Geregeltes, ebenes Positionieren möglich, da Drehen der Lenkachsen im Stand möglich	. Analog FZ 12 (bezüglich beider Lenk- und Fahreinheiten) . Aufwendige kinematische Gleichungen (hoher Transformationsaufwand)	. Geeignet bei spurungebundener Fahrt und stark unsymmetrischer Lastverteilung . Konfiguration mit zwei Fahrantrieben und einem Lenkantrieb für Drehscheibe mit Stützrädern denkbar
FZ 23		. Flächenbeweglich (drei Freiheitsgrade) . Kinematisch bestimmt . Alle Bewegungen, auch geregeltes, ebenes Positionieren möglich	. Hohe Bahngenauigkeit bei spurungebundener Kurvenfahrt analog FZ 13 . Einfache kinematische Gleichungen und damit geringer Transformationsaufwand	. Hohe Beweglichkeit bei kleinstmöglichem Raumbedarf

Bild 2.3: Eigenschaften und Merkmale der unterschiedlichen Fahrwerkvarianten

eine Querfahrt nicht mehr möglich. Für das Fahrzeug FZ22 sind ähnliche Variationen denkbar, die jedoch kein prinzipiell neues Verhalten mit sich bringen.

Wichtiges Kriterium für die Tauglichkeit eines bestimmten kinematischen Konzeptes hinsichtlich des spurungebundenen Fahrens ist die Komplexität der kinematischen Gleichungen, da sich hieraus der On-line-Rechenaufwand für die Bestimmung der Fahrzeugposition und -orientierung und für die Rückwärtstransformation ergibt (siehe Kapitel 3).

Aus vergleichenden Betrachtungen wird die geringe Komplexität der kinematischen Gleichungen des Fahrzeugs FZ23 ersichtlich. Die beiden anderen flächenbeweglichen Fahrzeugvarianten FZ21 und FZ22 erfordern einen deutlich höheren rechnerischen Aufwand. Zudem müssen die Geschwindigkeitskomponenten der jeweiligen Fahreinheiten in Richtung der Fahrzeuglängsachse identisch sein, da ansonsten entgegengesetzte Relativbewegungen auftreten, die Schlupf und somit undefinierte Fahrzustände hervorrufen können.

Die Bahngenauigkeit bei spurungebundener Führung wird durch dynamische Schleppfehler in den Fahr- und Lenkantrieben wesentlich beeinflußt (siehe Kapitel 3). Insbesondere bei Lenkbewegungen treten bei allen Fahrzeugtypen bis auf FZ13 und FZ23 dynamische Bahnabweichungen auf, die sich auf Ebene der Achsregler nicht mehr korrigieren lassen.
Die Genauigkeit bei der Erfassung der Fahrzeugposition und -orientierung kann durch Anbringung von Meßrädern verbessert werden. Nicht angetriebene Meßräder erfahren kaum Schlupf und ermöglichen damit eine höhere Meßgenauigkeit. Bei Fahrzeug FZ14 können hierzu beispielsweise das mitlaufende Rad oder die beiden Stützräder verwendet werden. Wichtig ist eine möglichst genaue Erfassung der Raumorientierung, da derartige Meßungenauigkeiten zunehmende Raumpositionsfehler zur Folge haben. Liegen zwei Meßräder auf einer Achse (z.B. FZ13 oder FZ23) kann die Raumorientierung direkt aus den Winkeländerungen abgeleitet werden, d.h. es treten keine Integrationsfehler bei der Ermittlung der Raumorientierung auf (siehe Abschnitt 3.2).
Besonders geeignet für das spurungebundene Fahren sind die Lenk- und Fahreinheiten der Fahrzeuge FZ12 und FZ22. Das mitlaufende Meßrad erlaubt eine nahezu schlupffreie Wegerfassung und kann zudem zur Achsregelung des Fahrantriebs herangezogen werden. Ein weiterer Vorteil besteht darin, daß beim Typ FZ12 das Meßrad nie Bohrschlupf erfährt,

da der Momentanpol stets auf der Hinterachse liegt. Als Nachteil ist die starke dynamische Verkopplung der Lenk- und der Fahrantriebe zu nennen. Eine Lenkbewegung erfordert eine Ansteuerung sowohl des Lenkantriebs als auch des Fahrantriebs.

Es sei hier noch erwähnt, daß die Dynamik bei Lenkbewegungen, z.B. entlang einer vorgegebenen Leitspur beim Differenzlenkungsprinzip (FZ13 und FZ23) ungünstig ist. Um vergleichbare dynamische Lenkeigenschaften (z.B. wie das Fahrzeug FZ11) zu erreichen, müssen hochdynamische Fahrantriebe zum Einsatz kommen.
In der Tabelle 2.1 wurde eine vergleichende Bewertung der unterschiedlichen Fahrzeugkinematiken bezüglich der eingangs formulierten Kriterien durchgeführt. Dabei werden die Vorteile des kinematischen Aufbaus des Fahrzeugs FZ23 vor allen hinsichtlich Beweglichkeit, Raumbedarf und Komplexität der kinematischen Gleichungen deutlich.

Fahrzeugtypen / Kriterien	FZ 11	FZ 12	FZ 13	FZ 14	FZ 21	FZ 22	FZ 23	FZ 24
Raumbedarf bei Kurvenfahrten	–	–	o	o	++	++	++	++
Beweglichkeit in engem Arbeitsraum	– –	o	o	–	–	++	++	–
Komplexität der kinematischen Gleichungen	o	o	+	+	–	– –	+	–
Bahngenauigkeit und Fahrsicherheit (bezgl. Schlupf)	o	++	+	+	o	++	+	o
Lenkdynamik (entlang Leitspur)	++	o	o	++	++	o	o	++

Tabelle 2.1: Vergleichende Bewertung der unterschiedlichen Fahrzeugkinematiken ((++): Kinematik sehr gut geeignet bis (--): Kinematik sehr schlecht geeignet)

Die hohe Lenkdynamik der Fahrzeuge FZ11, FZ14, FZ21 und FZ24 entlang einer Leitspur wird in der Regel durch Gleiten in der Aufstandsfläche des Lenkrades erkauft. Ein derartiges Verhalten muß bei der spurungebundenen Führung vermieden werden. Da Schlupf nur geringen Einfluß auf die Bahngenauigkeit hat, ist die Bahngenauigkeit des Fahrzeugs FZ23 insbesondere bei Kurvenfahrten als gut zu bezeichnen. Dies ist im wesentlichen durch den kinematischen Aufbau bedingt.
Unter der Annahme, daß jeweils beide Fahrantriebe die gleiche Dynamik besitzen, wird der Fahrzeugmittelpunkt entlang einer vorgegebenen gekrümmten Sollbahn exakt geführt. Dies rührt daher, daß das im Innern der Kurve befindliche Antriebsrad langsamer fährt und damit einen kleineren Schleppabstand als das äußere Antriebsrad aufweist. Der Schleppabstand des Fahrzeugmittelpunktes ist somit der Summe der beiden Schleppabstände proportional, was zwar einen stationären Schleppabstand entlang der Bahnsollkurve zur Folge hat, jedoch zu keinem bleibenden Positionsfehler im Zielpunkt führt.

Den dargestellten technischen Vorzügen der Fahrzeugkinematik vom Typ FZ23 stehen etwas größere Aufwendungen im konstruktiven und fertigungstechnischen Bereich gegenüber. Lassen sich die Fahrzeugtypen FZ11, FZ14, FZ21 oder FZ24 mit bereits technisch ausgereiften und damit konstengünstigen Fahr- und Lenkeinheiten aufbauen, so sind beim Typen FZ23 insbesondere die Antriebssysteme und die Kraftübertragung zwischen Drehkern und Fahrzeugrahmen neu zu konzipieren. Weiterhin muß in verstärktem Maße auf eine symmetrische Gewichtsverteilung im Fahrzeugrahmen geachtet werden, um Störkräfte und -momente, die durch Bahnrichtungsänderungen in den vier drehbaren Stützrädern entstehen können, klein zu halten und damit Schlupf und unvorhersehbare Fahrzustände zu vermeiden.
Vergleicht man die Kosten für Fertigung und Montage der flächenbeweglichen Fahrzeugtypen FZ21 und FZ23, so schneidet der Typ FZ23 um etwa 10-20% ungünstiger ab. Dem steht jedoch die erreichbare höhere Mobilität und Beweglichkeit gegenüber.

In der nun folgenden Analyse des Bahnverhaltens fahrerloser Transportfahrzeuge wird neben dem kinematisch günstigsten Fahrzeugtyp FZ23 auch das linienbewegliche Fahrzeug FZ11 betrachtet. Dies ist zum einen durch die weite Verbreitung dieses Typs gerechtfertigt, bis zu 80% aller Fahrzeuge verfügen über eine derartige Kinematik, und zum anderen durch das prinzipiell unterschiedliche dynamische Verhalten dieser Fahrzeuge bei Kurvenfahrt (siehe Abschnitt 3.1.1).

Da im Unterschied zu Werkzeugmaschinen und Industrierobotern bei FTS keine mechanischen Führungen zwischen den Fahrzeugen und der Fahrbahn vorhanden sind, ergeben sich unter anderem bleibende Positionsabweichungen, hervorgerufen durch unvermeidbare Transformationsfehler. Am Beispiel des Fahrzeugstyps FZ23 werden daher unterschiedliche Vorgehensweisen bei der Bestimmung der Transformationsalgorithmen dargestellt und miteinander verglichen. Die Algorithmen, die zu den geringsten Positionsabweichungen führen, werden anschließend im aufgebauten Transportsystem "FLEXL" verwendet (siehe Abschnitt 5.3).

3 Analyse des Bahnverhaltens selbststeuernder Transportfahrzeuge ohne Spurbindung

Das Bahnverhalten selbststeuernder Transportfahrzeuge ohne Spurbindung wird durch drei Fehlerquellen beeinflußt

* Steuerungsexterne Ursachen wie z.B. dynamische Bahnabweichungen, Schlupf und Gleiten,
* Fehlerhafte Bestimmung der Fahrzeugposition und
* Fehlerhafte Führungsgrößenvorgabe.

Die letztgenannten Fehlerquellen werden durch die Zeitdiskretisierung im Steuerungssystem verursacht. Bei der Bestimmung der Fahrzeugposition werden im folgenden direkte Winkelmeßsysteme an den Fahr- und Lenkantrieben betrachtet, da die Verwendung indirekter Winkelmeßsysteme zusätzliche Meßfehler, hervorgerufen durch Getriebeelastizitäten und Spiel, mit sich bringen.

3.1 Steuerungsexterne Ursachen von Bahnabweichungen

Steuerungsexterne Bahnfehler werden hervorgerufen durch

* Schleppfehler in den einzelnen Bewegungsachsen sowie Parameter- und Störmomentenschwankungen (Dynamische Bahnabweichungen),
* Schlupf und Gleiten der Räder sowie
* mechanische Ungenauigkeiten im Fahrzeugaufbau und unregelmäßige Bodenbeschaffenheit.

Bahnfehler durch mechanische Ungenauigkeiten entstehen in erster Linie durch ungenaues Ausrichten der Bewegungseinheiten und der Stützräder. Besonders wichtig ist das genaue Ausrichten bei flächenbeweglichen Fahrzeugen vom Typ FZ21, FZ22 und FZ24 (siehe Bild 2.1), da es ansonsten insbesondere bei Kurvenfahrten zu einer fehlerhaften Ansteuerung der Antriebe kommt. Bei der Inbetriebnahme oder auch während des Betriebs ist es sinnvoll, von Zeit zu Zeit entlang von Eichstrecken zu verfahren, um durch Abrieb an den Rädern hervorgerufene Meßfehler kompensieren zu können.

Zusätzliche Bahnungenauigkeiten entstehen auch durch unebene Fußböden oder Fußböden mit geringer Steifigkeit (z.B. Teppichböden). Beide Effekte erhöhen den Schlupf, d.h. die Erfassung der Fahrzeugposition mit Hilfe von Winkelmeßsystemen an den Rädern wird ungenauer. Weiterhin kann ein rutschiger, öliger Fußboden zu einem Durchdrehen der Antriebsräder und einem Ausbrechen der Fahrzeuge beim Bremsen oder bei Kurvenfahrten führen.

Im folgenden sollen nur diejenigen steuerungsexternen Ursachen von Bahnabweichungen betrachtet werden, die durch steuerungs- und regelungstechnische Maßnahmen beeinflußbar sind.

3.1.1 Dynamische Bahnabweichungen

Prinzipiell werden dynamische Bahnabweichungen durch Schleppfehler in den Bewegungsachsen hervorgerufen. Bei konventioneller, kaskadierter Reglerstruktur (P-Winkelregler und PI-Drehzahlregler) ist der Schleppabstand der einzelnen Achsen proportional zur Drehgeschwindigkeit und umgekehrt proportional zur Geschwindigkeitsverstärkung K_v (Maß für die erreichbare Dynamik). Insbesondere Schleppabstände in den Lenkachsen, wie sie z.B. bei kreisförmigen Kurvenfahrten von Fahrzeug FZ11 auftreten, führen zu bleibenden Positionsabweichungen. Da der Istwinkel der Lenkachsen dem Sollwinkel stets nacheilt, verfährt das Fahrzeug eine zu große Kurvenbahn. Die dabei auftretenden Positionsabweichungen lassen sich auf Ebene der Achsregler nicht mehr kompensieren.

Verfährt man mit kleiner Bahngeschwindigkeit (v_B = 0,1 - 0,2m/s) minimale Kurvenradien von $r_{k,min}$ = 1m, so treten Positionsabweichungen bei herkömmlichen Fahrzeugen und Antrieben von deutlich unter einem Zentimeter auf. Sind jedoch höhere Bahngeschwindigkeiten bei kleineren Kurvenradien erforderlich, so liegen die bleibenden Positionsabweichungen bei mehreren Zentimetern und sind damit keinesfalls vernachlässigbar.

Wird die Kurvenbahn über die Sollwerte in den einzelnen Achsen eingeleitet, d.h. ohne externe Sensorik wie z.B. Bodenmarkierungen, so bewirken auch die Schleppabstände in den Fahrantrieben bleibende Positionsabweichungen. Beträgt die Bahngeschwindigkeit z.B. v_B = 1m/s und wird im Fahrantrieb eine Geschwindigkeitsverstärkung von K_v = 10 1/s erreicht, so wird die Kurvenfahrt 10cm (entspricht Schleppabstand in den Fahrantrieben) zu früh eingeleitet.

Der lineare Zusammenhang zwischen Schleppabstand und Drehgeschwindigkeit ist nur bei konstanter Geschwindigkeit gegeben. Bei Brems- und Beschleunigungsvorgängen oder auch beim Auftreten von Parameterschwankungen oder Störmomenten liegt dieser einfache Zusammenhang nicht mehr vor. Im folgenden sollen daher Parameter- und Störmomentenschwankungen, wie sie durch Änderungen der Fahrzeugbeladung, durch unterschiedliche Bahngeschwindigkeiten und unterschiedliche Krümmungsradien der Sollbahn entstehen, näher betrachtet werden.

3.1.1.1 Trägheitsmomentenschwankungen am Fahrantrieb bei veränderlicher Last

Die Größenordnung der Trägheitsmomentenschwankungen am Fahrantrieb hängt davon ab, über wieviele Fahrantriebe ein Fahrzeug verfügt und welche Bewegung ein Fahrzeug ausführt. Am Beispiel des Fahrzeugs FZ11 soll bei Geradeausfahrt die maximal mögliche Schwankung bestimmt werden. Diese läßt sich mit Hilfe des Energiesatzes ermitteln.

$$1/2\ (m_{FZ} + m_{Last})\ v_{FZ}^2 \mathrel{\hat{=}} 1/2\ J_{FZ+Last}\,\omega_{Rad}^2 \qquad (3.1)$$

mit

- m_{FZ} : Masse des Fahrzeugs
- m_{Last} : Lastmasse
- v_{FZ} : Fahrgeschwindigkeit
- ω_{Rad} : Winkelgeschwindigkeit des Antriebsrades
- $J_{FZ+Last}$: Trägheitsmoment Fahrzeug und Last bezogen auf die Radachse

es gilt zudem

$$v_{FZ} = \omega_{Rad} \quad r \tag{3.2}$$

mit

r : Radius des Antriebsrades.

Hieraus ergibt sich für das Trägheitsmoment des Fahrzeugs mit Last bezogen auf die Motorwelle

$$J^*_{FZ+Last} = (m_{FZ} + m_{Last}) \; (r/i)^2 \tag{3.3}$$

mit

i : Getriebeübersetzung.

Das insgesamt vom Motor zu beschleunigende Trägheitsmoment setzt sich zusammen aus $J^*_{FZ+Last}$ sowie dem Trägheitsmoment des Motors und dem auf die Motorwelle bezogenen Getriebeträgheitsmoment. Vernachlässigt man die Trägheitsmomente von Motor und Getriebe, so erhöht sich durch Lastschwankungen das auf die Motorwelle bezogene Trägheitsmoment maximal um den Faktor:

$$k = 1 + \frac{m_{Last}}{m_{FZ}} \tag{3.4}$$

Das Verhältnis von Lastmasse zu Fahrzeugmasse sollte entsprechend der jeweiligen Transportaufgabe deutlich größer als eins sein; d.h. bereits bei einer stationären Betrachtungsweise können erhebliche Trägheitsmomentenschwankungen auftreten.

3.1.1.2 Rückstellmomente auf die Lenkachse hervorgerufen durch Schräglauf

Eine am Rad angreifende Seitenkraft wird in der Berührfläche zwischen Rad und Fahrbahn durch Reibung übertragen. Durch den resultierenden Schräglauf, der bei einer angreifenden Seitenkraft stets auftritt (siehe auch Abschnitt 3.1.2), verformt sich das Radgummi im Bereich seiner Aufstandsfläche. In Bild 3.1 ist dieser Sachverhalt graphisch

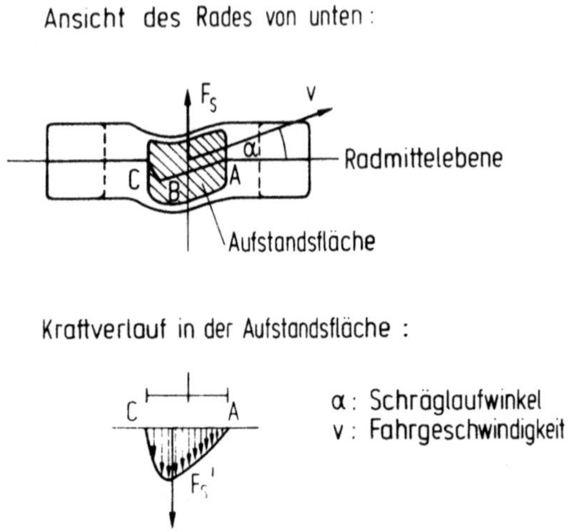

Bild 3.1: Rückstellmoment durch Schräglauf (Die Seitenkraft F_S wird durch die Resultierende der Flächenkraft F_S' in der Aufstandsfläche übertragen).

dargestellt (siehe auch /26/,/27/,/28/,/29/).
Ein Umfangspunkt des Reifens läuft bei A in die Aufstandsfläche ein (siehe Bild 3.1). Er haftet zunächst am Boden, während sich das Rad weiter dreht. Durch den Schräglaufwinkel bewegt sich das Rad in Richtung v weiter, so daß dieser Punkt immer weiter aus der Radmittelebene herausgedrängt wird. Die Spannung im Radgummi nimmt dabei linear zu, bis schließlich bei B der örtliche Kraftschluß (maximale Haftreibung) überschritten wird. Bis zum Verlassen der Aufstandsfläche bei C gleitet der Gummi wieder in seine Ausgangsstellung zurück. Die Fläche ABC ist ein Maß für die Spannungen im Rad und damit auch für die vom Boden her übertragenen Seitenkräfte. Die Resultierende F_S' dieser Kraftanteile greift im Schwerpunkt der Fläche ABC an und ist dem Betrage nach so groß wie die Seitenkraft F_S. Geht man näherungsweise davon aus, daß

die ganze Seitenkraft haftend übertragen wird, (der Punkt B liegt dann am Ende der Aufstandsfläche) so entsteht ein Dreieck ABC. Sein Schwerpunkt liegt demzufolge bei 2/3 der Länge l_A der Aufstandsfläche, also 1/6 hinter der Radachse. Damit erzeugt das Kräftepaar F_S und F_S' ein Rückstellmoment M_S von:

$$M_S = 1/6\ l_A\ F_S \tag{3.5}$$

Die Länge der Aufstandsfläche läßt sich nicht exakt bestimmen. Sie ist abhängig vom gewählten Radtyp, dem Raddurchmesser und von der Normalkraft, die auf das jeweilige Rad wirkt.
Um die Größenordnung des Rückstellmoments abschätzen zu können, wird im folgenden die Kurvenfahrt von Fahrzeug FZ11 betrachtet. Das betragsmäßig größte Rückstellmoment auf die Lenkachse durch Schräglauf ergibt sich unter den Annahmen, daß der Fahrzeugschwerpunkt in der Lenkachse liegt und das Fahrzeug bei konstantem Lenkwinkel und konstanter Fahrgeschwindigkeit entlang einer Kreisbahn verfährt. Dabei stützt sich die gesamte Seitenkraft auf dem gelenkten Rad ab. Es gilt:

$$F_S = F_Z = m_{FZ+Last} \frac{v_{FZ}^2}{r_K} \tag{3.6}$$

mit

F_Z : Zentrifugalkraft
r_K : Krümmungsradius der Bahnkurve

Daraus wird deutlich, daß die Rückstellmomente am Lenkrad durch Schräglauf in Abhängigkeit des Fahrzeuggewichts, der Fahrgeschwindigkeit und dem Krümmungsradius variieren. Geht man von den folgenden Parametern aus:

$m_{FZ+Last} = 1500\text{kg}$
$r_K = 0{,}5\text{m}$
$v_{FZ} = 1\text{m/s}$
$l_A = 30\text{mm}$ ($r_{Rad} = 150\text{mm}$)
$i = 100$ (Getriebeübersetzung)
$M_n \sim 0{,}3...0{,}7\text{Nm}$ (Motornennmoment eines herkömmlichen Lenkantriebs)

so ergibt sich ein Rückstellmoment bezogen auf den Lenkmotor von M_S = 0,15Nm. Daraus wird ersichtlich, daß das Rückstellmoment in der Größenordnung des Nennmoments M_n eines herkömmlichen Lenkantriebs liegt, und daher nicht vernachlässigbar ist. Es kann als veränderliche Dämpfung betrachtet werden /30/.

3.1.1.3 Rückstellmomente auf die Lenkachse hervorgerufen durch Kurvenlauf

Durch die endliche Reifenbreite entsteht bei einem Rad, das auf einer gekrümmten Kurve bewegt wird, ein Rückstellmoment, da die äußere und die innere Radhälfte unterschiedliche Wege zurücklegen. Diese unterschiedlichen Wege werden durch elastische Verformungen am Radumfang und durch Gleiten in der Aufstandsfläche ausgeglichen. Es tritt also Schlupf in Umfangsrichtung auf (vergleichbar beim Beschleunigen und Abbremsen eines Rades). Um das dabei auftretende Drehmoment zu berechnen, müssen zunächst die bei Schlupf entstehenden Kräfte hergeleitet werden.

Nach einer mathematisch aufwendigen Ableitung (siehe auch /29/) ergibt sich das Rückstellmoment durch Kurvenlauf unter der Voraussetzung

$$r_K > \frac{c_0\, b\, l_A^2}{6\, \mu\, F_{Rad}} \qquad (3.7)$$

mit
r_K = Krümmungsradius
c_0 = Steifigkeit des Rades
μ = Reibkoeffizient zwischen Rad und Boden
F_{Rad} = Radlast
b = Breite des Rades

zu

$$M_K = \frac{c_0\, l_A^2\, B^2}{24 r_k} \qquad (3.8)$$

Das heißt, das Rückstellmoment ist umgekehrt proportional zum Krümmungsradius der Bahnkurve. Eine exakte Bestimmung der Parameter c_0, l_A und μ ist nicht möglich, so daß der minimale Krümmungsradius, für welchen obige Gleichung gilt, nur abgschätzt werden kann.

Betrachtet man wiederum das Fahrzeug FZ11 bei einer Kurvenfahrt, so ergibt sich unter den folgenden Annahmen:

$F_{Rad} = 15kN$
$r_k = 0{,}5m$
$c_0 = 5 \cdot 10^6 N/m^2$ (geschätzt)
$l_A = 30mm$
$b = 90mm$
$\mu = 0{,}4$

für das Rückstellmoment auf die Lenkachse ein Wert von etwa $M_K = 3Nm$. Der minimale Krümmungsradius der Bahnkurve liegt bei etwa $r_{min} = 12cm$. Wird dieser Wert unterschritten, so ist ein Haften der Räder nicht mehr gewährleistet, d.h. durch zusätzlich auftretende Zwangskräfte zwischen Rad und Boden tritt ein Weggleiten des Rades auf.

Aus obigen Betrachtungen wird deutlich, daß sowohl die Fahrantriebe als auch die Lenkantriebe in Abhängigkeit des Bewegungszustandes und des Beladungszustandes unterschiedliches dynamisches Verhalten aufweisen. Um die daraus resultierenden Bahnabweichungen gering zu halten, müssen möglichst robuste Regelverfahren eingesetzt werden.
Die Beschreibung der Rückstellmomente durch Schräglauf und Kurvenlauf muß qualitativ bleiben, da systematische Untersuchungen des Bahnverhaltens von Vollgummireifen nicht bekannt sind. Derartige Untersuchungen liegen lediglich für luftgefüllte Reifen vor /31/,/32/,/33/.

3.1.2 Schlupf und Gleiten der Räder

Treten zwischen Rad und Boden Kräfte auf, so kommt es z.B. beim Beschleunigen der Fahrzeuge durch Verformungen am Radumfang sowie durch die Plastizität der Fahrbahn zu einer Differenz zwischen der tatsächlichen Fahrgeschwindigkeit der Räder v_F und der über die Drehgeschwindigkeit der Räder ω_{Rad} abgeleiteten Fahrgeschwindigkeit. Der Schlupf s in Bewegungsrichtung ist nun ein Maß für den zugehörigen Geschwindigkeitsfehler und ist wie folgt definiert:

$$s = \left| \frac{v_F - \omega_{Rad}\, r}{v_F} \right| \tag{3.9}$$

Es ist damit nicht möglich aus den direkten Meßsystemen die exakte Fahrzeugposition abzuleiten. Für Vollreifen, die bei automatisch geführten Fahrzeugen eingesetzt werden (z.B. Vullkollan-Reifen), liegen keine systematischen Untersuchungen des Schlupfes in Bewegungsrichtung vor. Aufgrund der geringen Einfederung und der hohen Steifigkeit von Vullkollan-Reifen lassen sich Fehler bei der Ermittlung der Fahrzeugposition in Bewegungsrichtung bei herkömmlichen maximalen Beschleunigungen von $a_{max} = 0{,}3\ m/s^2$ über eine Streckenlänge von 10...20m vernachlässigen (bei normalen Hallenböden). Werden höhere Beschleunigungen und größere Strecken ohne diskrete Referenzbildung angestrebt, so sind hier systematische experimentelle Untersuchungen erforderlich (siehe auch Abschnitt 5.4).

Von besonderer Bedeutung für das Bahnverhalten von Transportfahrzeugen ist der Seitenschlupf, der bei Kurvenfahrten durch Seitenkräfte hervorgerufen wird. Bevor die hieraus resultierenden Bahnfehler abgeschätzt werden, soll zunächst näher auf den physikalischen Hintergrund eingegangen werden.

Wird ein elastisches Rad im Stillstand durch eine Normalkraft F_N senkrecht zur Fahrbahn belastet und dann einer Seitenkraft F_S ausgesetzt, so verschiebt sich infolge der elastischen Verformung die Radmittelebene gegenüber der Radaufstandsfläche (siehe Bild 3.2). Läßt man nun das Rad auf einer Unterlage abrollen, so kommen an der Vorderseite immer wieder unausgelenkte Umfangspartien mit der Fahrbahn in Berührung, die dann am Boden haften und somit wiederum aus der Radmittelebene ausgelenkt werden. Auf diese Weise verdreht sich die tatsäch-

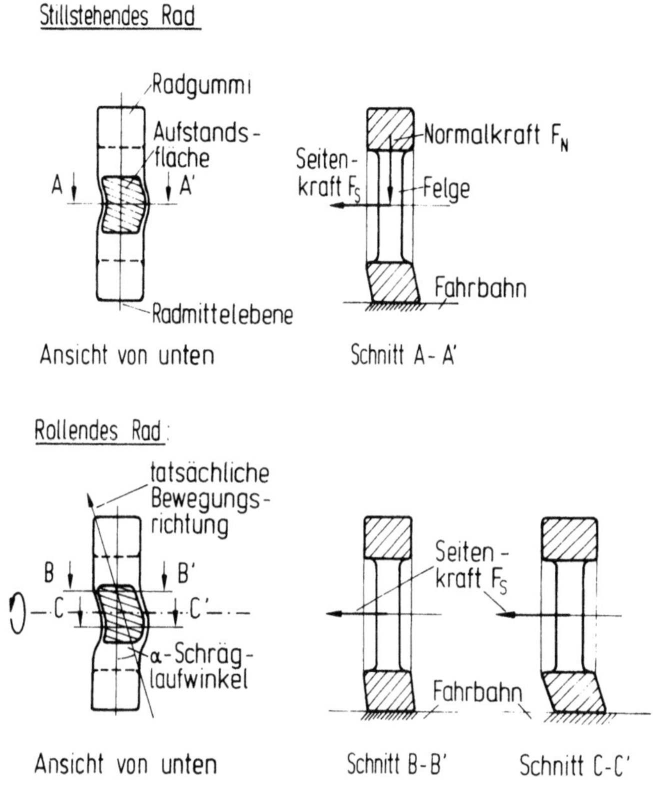

Bild 3.2: Schräglauf eines elastischen Rades

liche Bewegungsrichtung des Radmittelpunktes gegenüber der Spur des Rades um den Schräglaufwinkel α. Wird die Radmittelebene mit konstanter Drehgeschwindigkeit auf einer Kreisbahn bewegt, so kommt es durch den Seitenschlupf zu einer Geschwindigkeitskomponente v_N in Richtung der Radachse (siehe Bild 3.3). Im stationären Zustand bewegt sich das Rad wieder auf einer Kreisbahn. Die resultierende Bahngeschwindigkeit v_B' ist somit größer als die ursprüngliche Bahngeschwindigkeit v_B (unbelasteter Fall). Zudem wird dadurch der Radius der Kreisbahn erhöht. Betrachtet man einen Viertelskreis, so entspricht die Radiusänderung einer bleibenden Bahnabweichung, die mit Hilfe der Winkelmeßsysteme an den Bewegungsachsen nicht erfaßt werden kann.

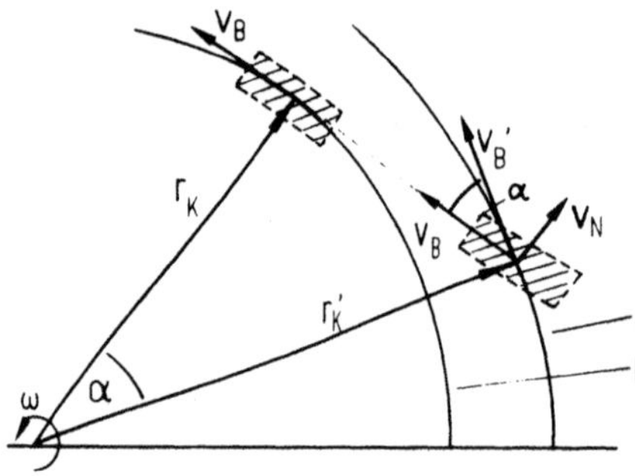

$$\omega = v_B/r_K = v_B'/r_K'$$

mit $r_K' = \dfrac{r_K}{\cos\alpha}$

ergibt sich $\dfrac{\Delta r}{r_K} = \dfrac{r_K' - r_K}{r_K} = \dfrac{1-\cos\alpha}{\cos\alpha}$

Bild 3.3: Kreisbahn eines Rades mit und ohne Seitenschlupf

Um die auftretenden Bahnabweichungen abschätzen zu können, muß die Größe des Schräglaufwinkels bekannt sein. Der Schräglaufwinkel eines Rades ist abhängig von der Normalkraft F_N, der Seitenkraft F_S, der Festigkeit des Rades und der Reibpaarung Fahrbahn-Radgummi. Er kann bei Schräglaufversuchen experimentell bestimmt werden. Für PKW-Reifen liegen Schräglaufdiagramme vor (Seitenkraft und zugehöriger Schräglaufwinkel) bei unterschiedlicher Normalkraft und unterschiedlichen Reifentypen /32/. Die bei fahrerlosen Transportfahrzeugen verwendeten Vollreifen weisen allerdings eine höhere Festigkeit auf, so daß in der folgenden Abschätzung von Bahnfehlern durch Seitenschlupf nur 50% des Schräglaufwinkels eines PKW-Reifens angesetzt wurde. Betrachtet man wieder einen Viertelskreis mit einem Radius von r_K = 0,5m, der mit einer Bahngeschwindigkeit von v_B = 1m/s durchfahren wird, so ergibt sich für die Seitenkraft F_S bzw. Zentrigalkraft F_Z auf ein mit einer Masse m = 750kg belastetes Antriebsrad:

$$F_S = F_Z = m \frac{v_B^2}{r_K} = 1500 \text{ N}$$

Der zugehörige Schräglaufwinkel liegt hier bei etwa α = 2grad /32/. Aus Bild 3.3 ergibt sich eine Radiusabweichung von

$$\Delta r = r_K \frac{1 - \cos\alpha}{\cos\alpha} = 304 \ \mu\text{m}.$$

Wird unter gleichen Bedingungen ein Kurvenradius von r_K = 25cm durchlaufen, so ergibt sich ein Bahnfehler von Δr = 2,45mm. Aus obigen Abschätzungen wird deutlich, daß Bahnfehler durch Seitenschlupf auftreten, diese jedoch bei Kurvenfahrten im allgemeinen unter einem Millimeter liegen.

Auch beim Gleiten bzw. Wegrutschen der Räder kommt es zu einer Differenz zwischen tatsächlicher und gemessener Fahrgeschwindigkeit. Gleiten tritt auf, wenn die Resultierende aus allen zwischen Rad und Boden wirkenden Kräfte größer als die durch Haftreibung übertragbare Kraft F_{Reib} ist.
Die am jeweiligen Rad maximal übertragbare Reibkraft bestimmt sich aus dem Produkt aus Normalkraft und Reibkoeffizient zwischen Rad und Boden. Unter der Voraussetzung, daß sich die gesamte Gewichtskraft der Fahrzeuge auf den Fahrantrieben abstützt, ergibt sich für die Geradeausbewegung eine maximale Beschleunigung von

$$a_{max} = \mu \, g \tag{3.10}$$

mit

g : Gravitationskonstante (~ 10m/s²).

Wird diese Beschleunigung beim Bremsen oder Anfahren überschritten, so tritt Gleiten auf. Die Reibkoeffizienten für Vulkollan-Reifen liegen in Abhängigkeit des Fußbodenmaterials und des Fahrbahnzustandes zwischen μ_{max} = 0,6 (Beton, rauh und trocken) und μ_{min} = 0,13 (Asphalt, schmierig). Das heißt, es sind maximale Beschleunigungen zwischen $1 m/s^2$ und $6 m/s^2$ erreichbar.

Auch bei Kurvenfahrten kann Gleiten auftreten. Dabei kann die Resultierende aus der Seitenkraft und der Tangentialkraft zu hoch sein, so daß die Rückstellmomente durch Kurvenlauf zu groß werden und nicht mehr auf den Boden übertragen werden können. Das Rad verliert die Haftung und wird aus der Bahn gedrückt. Am Abschnitt 3.1.1.3 wurde der minimal mögliche Krümmungsradius der Bahnkurve eines Rades bei Kurvenlauf und konstanter Bahngeschwindigkeit abgeschätzt. Bei sehr kleinen Krümmungsradien der Bahnkurve eines Rades oder gar beim Drehen des Rades im Stand kommt es zudem zu einer starken Beschädigung des Hallenbodens.

Aus den bisherigen Betrachtungen wird deutlich, daß durch Schlupf hervorgerufene Bahnfehler entstehen, diese jedoch gegenüber dynamischer Bahnabweichungen um Größenordnungen kleiner sind. Zudem ist es möglich durch Beschränkungen der Bahngeschwindigkeit bei Kurvenfahrt, durch Vorgabe minimal möglicher Kurvenradien oder durch Beschränkung der maximal möglichen Beschleunigungen durch Schlupf hervorgerufene Bahnfehler zu begrenzen (siehe Abschnitt 5.4).

3.2 Fehlerhafte Bestimmung der Fahrzeugposition durch Zeitdiskretisierung

3.2.1 Bestimmung der kinematischen Gleichungen des Transportsystems FLEXL

Möchte man die Fahrzeugposition mit Hilfe von Winkelmeßsystemen ermitteln, so müssen zunächst die kinematischen Gleichungen des jeweiligen Transportfahrzeugs bestimmt werden. Diese Gleichungen stellen den Zusammenhang her zwischen den zu ermittelnden Raumkoordinaten und den jeweiligen gemessenen Achskoordinaten. Achskoordinaten können sowohl die Winkel der angetriebenen Räder bzw. Lenkachsen als auch Winkel sogenannter Meßräder sein. Möchte man nun die kinematischen Gleichungen bestimmen, so müssen folgende Annahmen getroffen werden:

* es findet schlupffreies Abrollen der Räder (Meßräder) auf dem Boden statt, und
* es tritt kein Seitenschlupf auf.

Hieraus ergeben sich die kinematischen Bindungen, aus denen sich die kinematischen Gleichungen herleiten lassen. Am Beispiel des Transportsystems "FLEXL", dessen Kinematik dem Fahrzeugtyp FZ23 (siehe Bild 3.2) entspricht, werden im folgenden die kinematischen Gleichungen bestimmt. Dabei wird von direkt messenden Drehgebern an den beiden Fahrantrieben und dem Orientierungsantrieb ausgegangen.

In Bild 3.4 sind die Kinematik des Transportsystems "FLEXL" und die verwendeten Koordinatensysteme dargestellt. Die Koordinatensysteme bedeuten im einzelnen:

Koordinatensystem $\{0,x,y\}$	=	Hallenkoordinaten bzw. inertiale Koordinaten
Koordinatensystem $\{0',x',y'\}$	=	Fahrzeugkoordinaten
Koordinatensystem $\{0',x'',y''\}$	=	Koordinaten des Drehkerns

Die kinematischen Zwangsbedingungen ergeben sich aus dem Skalarprodukt der Fahrgeschwindigkeit $\vec{v}_1$ und $\vec{v}_2$ und der Einheitsvektoren $\vec{e}_{x''}$ und $\vec{e}_{y''}$ im Koordinatensystem des Drehkerns:

$$\vec{v}_1 \; \vec{e}_{x''} = D/2 \; \dot{\beta}_1 \tag{3.11a}$$

$$\vec{v}_1 \; \vec{e}_{y''} = 0 \tag{3.11b}$$

$$\vec{v}_2 \; \vec{e}_{x''} = D/2 \; \dot{\beta}_2 \tag{3.11c}$$

$$\vec{v}_2 \; \vec{e}_{y''} = 0 \tag{3.11d}$$

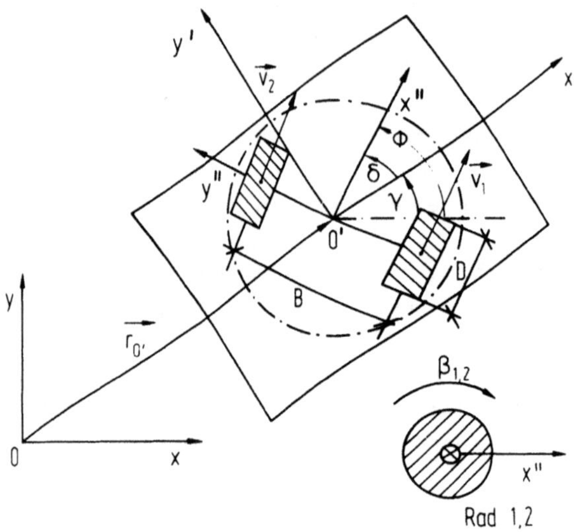

Bild 3.4: Kinematik des Transportsystems "FLEXL" (D: Raddurchmesser, B: Abstand der Antriebsräder, $\vec{r}_{0'}$: Ortsvektor zum Fahrzeugmittelpunkt)

Dabei sind die Gleichungen (3.11b) und 3.11d) identisch, da die Geschwindigkeiten in y"-Richtung gleich sein müssen (starrer Körper). In Koordinaten des Inertialsystems ergibt sich für die Geschwindigkeit der Radmittelpunkte:

$$\vec{v}_{1,2} = \vec{v}_{0'} + \vec{\omega} \times \vec{r}_{1,2} ;$$

$\vec{v}_{0'}$: Geschwindigkeit des Fahrzeugmittelpunkts

$\vec{\omega}$: Drehgeschwindigkeit des Drehkerns

$\vec{r}_{1,2}$: Vektor vom Fahrzeugmittelpunkt 0' zum jeweiligen Radmittelpunkt

$$\vec{v}_{1,2} = \begin{bmatrix} \dot{x} \\ \dot{y} \\ 0 \end{bmatrix} + \begin{bmatrix} 0 \\ 0 \\ \dot{\gamma}+\dot{\delta} \end{bmatrix} \times B/2 \begin{bmatrix} \pm \sin(\gamma + \delta) \\ \mp \cos(\gamma + \delta) \\ 0 \end{bmatrix}$$

$$\vec{v}_{1,2} = \begin{bmatrix} \dot{x} \\ \dot{y} \\ 0 \end{bmatrix} \pm B/2 \, (\dot{\gamma} + \dot{\delta}) \begin{bmatrix} \cos(\gamma + \delta) \\ \sin(\gamma + \delta) \\ 0 \end{bmatrix} \qquad (3.12)$$

($\vec{v}_1$: oberes Vorzeichen; $\vec{v}_2$: unteres Vorzeichen)

und für die Einheitsvektoren

$$\vec{e}_{x''} = \begin{bmatrix} \cos(\gamma + \delta) \\ \sin(\gamma + \delta) \\ 0 \end{bmatrix} \qquad (3.13a)$$

$$\vec{e}_{y''} = \begin{bmatrix} -\sin(\gamma + \delta) \\ \cos(\gamma + \delta) \\ 0 \end{bmatrix} \qquad (3.13b)$$

Setzt man die Gleichungen (3.12) und (3.13a,b) ein in die ersten drei Zwangsbedingungen, so erhält man

$$\dot{x} \cos(\gamma+\delta) + \dot{y} \sin(\gamma+\delta) + B/2 \, (\dot{\gamma}+\dot{\delta}) = D/2 \, \dot{\beta}_1$$

$$- \dot{x} \sin(\gamma+\delta) + \dot{y} \cos(\gamma+\delta) = 0$$

$$\dot{x} \cos(\gamma+\delta) + \dot{y} \sin(\gamma+\delta) - B/2 \, (\dot{\gamma}+\dot{\delta}) = D/2 \, \dot{\beta}_2$$

und daraus umgeformt die kinematischen Gleichungen:

$$\dot{x} = D/4 \, (\dot{\beta}_1 + \dot{\beta}_2) \cos(\gamma+\delta) \qquad (3.14)$$

$$\dot{y} = D/4 \, (\dot{\beta}_1 + \dot{\beta}_2) \sin(\gamma+\delta) \qquad (3.15)$$

$$\dot{\gamma} = D/2B \, (\dot{\beta}_1 - \dot{\beta}_2) - \dot{\delta} \qquad (3.16)$$

Führt man zudem die Orientierung des Drehkerns ϕ gegenüber dem Inertialsystem ein, mit

$$\phi = \gamma + \delta \qquad (3.17)$$

und integriert die Gln. (3.16) mit den Anfangsbedingungen

$$\gamma(t=0) = \beta_1(t=0) = \beta_2(t=0) = \delta(t=0) = 0$$

so lassen sich die kinematischen Gleichungen wie folgt angeben:

$$\dot{x} = D/4\ (\dot{\beta}_1 + \dot{\beta}_2)\cos(D/2B(\beta_1 - \beta_2)) \qquad (3.18)$$

$$\dot{y} = D/4\ (\dot{\beta}_1 + \dot{\beta}_2)\sin(D/2B(\beta_1 - \beta_2)) \qquad (3.19)$$

$$\gamma = D/2B\ (\beta_1 - \beta_2) - \delta \qquad (3.20)$$

Die Raumposition x und y des Fahrzeugs ist also lediglich abhängig vom zeitlichen Verlauf der Radwinkel β_1 und β_2.

3.2.2 Bestimmung der Fahrzeugposition mit Hilfe direkter Winkelmeßsysteme

Bei der Bestimmung der Fahrzeugposition x, y und γ werden zu diskreten Zeitpunkten t_k die aktuellen Achswinkel $\beta_1(t_k)$, $\beta_2(t_k)$ und $\delta(t_k)$ bzw. die Achswinkeländerungen $\Delta\beta_1(t_k)$, $\Delta\beta_2(t_k)$ und $\Delta\delta(t_k)$ bei einer vorgegebenen Abtastzeit Δt eingelesen. Die zugehörigen Änderungen der Fahrzeugposition Δx, Δy und $\Delta\gamma$ ergeben sich durch Integration der kinematischen Gleichungen über einem Abtastintervall. Man nennt den zugehörigen Gleichungssatz auch Vorwärtstransformation (VT).

Aus den kinematischen Gleichungen (3.18)...(3.20) wird deutlich, daß sich lediglich die Raumorientierung γ exakt aus den aktuellen Achswinkeln bestimmen läßt. Hingegen handelt es sich bei den Gln. (3.18) und (3.19) um nicht geschlossen integrierbare, nichtlineare Differentialgleichungen. Zur näherungsweisen Lösung dieser Differentialgleichungen sind unterschiedliche Vorgehensweisen denkbar:

* Annahme eines linearen Zeitverhaltens der Achskoordinaten zwischen zwei Meßzeitpunkten,
* Linearisierung der kinematischen Gleichungen um den momentanen Arbeitspunkt und

* Annahme eines linearen Zeitverhaltens der Achskoordinaten und der Raumkoordinaten zwischen zwei Meßzeitpunkten.

Mit Hilfe dieser Näherungen ist es nun möglich, die pro Abtastschritt auftretenden Änderungen der Raumposition und -orientierung Δx, Δy und $\Delta \gamma$ aus den Achswinkeländerungen zu ermitteln.
Im folgenden werden die beiden ersten Lösungsmethoden am Beispiel des Fahrzeugtyps FZ23 dargestellt und die erreichbaren Meßgenauigkeiten in Abhängigkeit des Sollbahnverhaltens untersucht. Die dritte Lösungsmethode ist trivial und läßt die größten Meßungenauigkeiten erwarten. Sie wird daher nicht weiter betrachtet.

3.2.2.1 Ermittlung der Fahrzeugposition bei linearem Zeitverhalten der Achskoordinaten zwischen zwei Meßzeitpunkten

Unter der Annahme eines linearen Zeitverhaltens zwischen den Meßzeitpunkten ergeben sich die folgenden Näherungsgleichungen für die Winkel der Fahrantriebe

$$\tilde{\beta}_1(t) = \beta_{1k} + \omega_1 \, (t-t_k); \qquad \text{für } t_k \leq t \leq t_k + \Delta t$$

$$\tilde{\beta}_2(t) = \beta_{2k} + \omega_2 \, (t-t_k); \qquad \text{für } t_k \leq t \leq t_k + \Delta t$$

mit

$$\beta_{ik} = \beta_i(t_k)$$

$$\omega_i = \frac{\Delta\beta_i}{\Delta t} = \frac{\beta_i(t_k + \Delta t) - \beta_i(t_k)}{\Delta t}$$

Setzt man die mittleren Achsgeschwindigkeiten ω_i und die Winkel β_{ik} zum Zeitpunkt t_k ein in die Gln. (3.18)...(3.20), so erhält man die folgenden Integralgleichungen

$$\Delta\tilde{x} = \int_{t_k}^{t_k+\Delta t} D/4(\omega_1 + \omega_2) \cos(D/2B\,(\beta_{1k}-\beta_{2k} + (\omega_1-\omega_2)(t-t_k)))dt$$

$$\Delta\tilde{y} = \int_{t_k}^{t_k+\Delta t} D/4(\omega_1 + \omega_2)\,\sin(D/2B\,(\beta_{1k}-\beta_{2k} + (\omega_1-\omega_2)(t-t_k)))dt$$

$$\Delta\tilde{\gamma} = \int_{t_k}^{t_k+\Delta t} D/2B(\omega_1 - \omega_2)\,dt - \Delta\delta.$$

Diese Intergrale enthalten nur linear von der Zeit abhängige Terme und sind damit geschlossen lösbar. Nach einigen trigonometrischen Umformungen ergeben sich die folgenden Gleichungen der Vorwärtstransformation VT1:

$$\Delta\tilde{x} = D/4\;(\Delta\beta_1 + \Delta\beta_2)2\,\frac{\sin(\Delta\phi/2)}{\Delta\phi}\,\cos(\phi_k + \Delta\phi/2) \qquad (3.21)$$

$$\Delta\tilde{y} = D/4\;(\Delta\beta_1 + \Delta\beta_2)2\,\frac{\sin(\Delta\phi/2)}{\Delta\phi}\,\sin(\phi_k + \Delta\phi/2) \qquad (3.22)$$

$$\Delta\tilde{\gamma} = \Delta\phi - \Delta\delta. \qquad (3.23)$$

Dabei gilt

$$\Delta\phi = D/2B\;(\Delta\beta_1 - \Delta\beta_2) \qquad (3.24)$$

$$\phi_k = \phi_{k-1} + \Delta\phi \qquad (3.25)$$

mit

$\Delta\phi$: Absolute Änderung der Drehkernorientierung pro Abtastung

ϕ_k : Drehkernorientierung zum Zeitpunkt t_k.

Aus den Änderungen der Raumkoordinaten pro Abtastschritt läßt sich durch eine Addition dieser Inkremente die Raumposition und Orientierung bestimmen.

3.2.2.2 Ermittlung der Fahrzeugposition durch Linearisierung um den momentanen Arbeitspunkt

Eine Funktion mehrerer Veränderlicher läßt sich mit Hilfe der Taylorentwicklung /34/ in eine Potenzreihe um den jeweiligen momentanen Arbeitspunkt entwickeln. Die allgemeine Form lautet:

$$f(\underline{z} + \underline{h}) = \sum_{k=0}^{m} \frac{1}{k!} (\underline{h}\ \nabla)^k f(\underline{z}) + R_m(\underline{z},\underline{h}). \tag{3.26}$$

wobei gilt:

- $\underline{z}$: momentaner Arbeitspunktvektor zum Zeitpunkt t_k
- $\underline{h}$: Vektor der Abweichungen vom Arbeitspunkt
- ∇ : Operator der partiellen Abweichungen
- m : Ordnung der Taylorentwicklung
- R_m: Fehler beim Abbruch der Taylor-Reihe nach dem m-ten Glied.

Bricht man die Taylor-Reihe nach der ersten partiellen Ableitung ab, so entspricht dies einer Linearisierung um den momentanen Arbeitspunkt. Angewandt auf die Gleichungen (3.18) und (3.19) mit

$$\underline{z} = (\dot{\beta}_1, \dot{\beta}_2, \phi)^T \quad ; \quad \phi = D/2B\ (\beta_1 - \beta_2)$$

erhält man die folgenden linearisierten Differentialgleichungen

$$\dot{\tilde{x}} = D/4 \cos \phi_k(\dot{\beta}_1+\dot{\beta}_2) - D/4 \sin\phi_k\ (\dot{\beta}_{1k}+\dot{\beta}_{2k})\ (\phi-\phi_k) \tag{3.27}$$

$$\dot{\tilde{y}} = D/4 \sin \phi_k(\dot{\beta}_1+\dot{\beta}_2) + D/4 \cos\phi_k\ (\dot{\beta}_{1k}+\dot{\beta}_{2k})\ (\phi-\phi_k) \tag{3.28}$$

Um diese Differentialgleichungen geschlossen lösen zu können, wird ein lineares Zeitverhalten zwischen zwei Meßzeitpunkten in ϕ vorausgesetzt. Dadurch erhält man nach Integration unter Verwendung der Gln. (3.24) und (3.25) die folgenden Bestimmungsgleichungen der Vorwärtstransformation VT2:

$$\Delta\tilde{x} = D/4\ (\cos\phi_k(\Delta\beta_1+\Delta\beta_2) - \sin\phi_k(\dot\beta_{1k}+\dot\beta_{2k})\ \Delta\phi\ \Delta t) \qquad (3.29)$$

$$\Delta\tilde{y} = D/4\ (\sin\phi_k(\Delta\beta_1+\Delta\beta_2) + \cos\phi_k(\dot\beta_{1k}+\dot\beta_{2k})\ \Delta\phi\ \Delta t) \qquad (3.30)$$

Die Änderung der Raumorientierung $\Delta\tilde{\gamma}$ bestimmt sich analog zu Gln. (3.23). Die Achsgeschwindigkeiten $\dot\beta_{1k}$ und $\dot\beta_{2k}$ können entweder über einen Tacho gemessen werden oder als Mittelwert der Geschwindigkeiten in den letzten beiden Abtastintervallen angenähert werden.

3.2.3 Fehlerabschätzung der Positionsbestimmung bei unterschiedlichem Sollbahnverlauf

Aufgrund der getroffenen Annäherungen und Näherungen treten bei den beiden dargestellten Verfahren zur Positionsbestimmung systematische Positionsfehler pro Abtastschritt auf. Es gelten folgende Beziehungen zwischen den exakten Positionswerten Δx, Δy und $\Delta\gamma$ und den genäherten Positionswerten $\Delta\tilde{x}$, $\Delta\tilde{y}$ und $\Delta\tilde{\gamma}$:

$$\Delta x = \Delta\tilde{x} + R_x(\Delta t)$$

$$\Delta y = \Delta\tilde{y} + R_y(\Delta t)$$

$$\Delta\gamma = \Delta\tilde{\gamma} + R_\gamma(\Delta t).$$

Die Terme R_x, R_y und R_γ stehen für die Fehler pro Abtastschritt. Diese Fehler lassen sich nicht exakt berechnen, sondern lediglich betragsmäßig nach oben abschätzen (siehe auch /35/). Es ergeben sich die folgenden maximalen Transformationsfehler pro Abtastschritt

Vorwärtstransformation VT1:

$$|R_x| \le D^2/8B\ (|\ddot\beta_1-\ddot\beta_2|_{max}|\dot\beta_1+\dot\beta_2|_{max} + |\ddot\beta_1+\ddot\beta_2|_{max}|\dot\beta_1-\dot\beta_2|_{max})\Delta t^3 \qquad (3.31)$$

$$|R_y| = |R_x| \qquad (3.32)$$

$$|R_\gamma| = 0 \qquad (3.33)$$

Vorwärtstransformation VT2:

$$|R_x| \leq D^2/8B\ |\dot{\beta}_1+\dot{\beta}_2|_{max}\ |\ddot{\beta}_1-\ddot{\beta}_2|_{max}\ \Delta t^3 + 1/6\ D^2/8B\ |\dot{\beta}_1-\dot{\beta}_2|_{max} * \sqrt{4|\ddot{\beta}_1+\ddot{\beta}_2|^2_{max} + (D/2B)^2_{max}|\dot{\beta}_1+\dot{\beta}_2|^2_{max}|\dot{\beta}_1-\dot{\beta}_2|^2_{max}}\,\Delta t^3 \tag{3.34}$$

$$|R_y| = |R_x| \tag{3.35}$$

$$|R_\gamma| = 0 \tag{3.36}$$

Um das Fehlerverhalten der beiden Vorwärtstransformationen vergleichen zu können, werden die maximal möglichen Positionsfehler anhand unterschiedlicher Sollbahnverläufe betrachtet. Ausgehend von den Gleichungen (3.31) und 3.34) lassen sich die nach oben abgeschätzten, maximalen Positionsfehler R_x und R_y bestimmen. In Tabelle 3.1 sind die Ergebnisse aufgeführt.

	Positionsfehler R_x, R_y		
	VT1	VT2	
Gerade	0	0	beliebige Geschw.
Kreisbogen von 90° bei konst. Geschw.	0	249µm	Krümmungsradius r_K = B/2 Geschw. $v_K = v^2_{max}/2$
Kreisbogen von 90° bei konst. Beschl.	952µm	886µm	Krümmungsradius r_K = B/2 Beschl. $a_K = v^2_{max}/2\pi B$
Klothoidenbogen von 90° bei konst. Geschwindigkeit	1,9mm	2,07mm	gleicher Raumbedarf wie Kreisbogen

Tabelle 3.1: Maximale Positionsfehler R_x und R_y bei unterschiedlichem Sollbahnverlauf

Den angegebenen Werten liegen eine Abtastzeit Δt = 20ms, eine maximale Fahrgeschwindigkeit v_{max} = 2m/s und ein Radabstand B = 840mm zugrunde.

Die Bestimmung des Lagewinkels γ erfolgt bei beiden Transformationen fehlerfrei. Damit ergeben sich keine wachsenden Positionsfehler aufgrund bleibender Winkelabweichungen. Dies ist jedoch nicht auf die Transformationsverfahren zurückzuführen, sondern auf die spezielle Struktur der kinematischen Gleichungen dieses Fahrzeugtyps.

Bezüglich der Genauigkeit besteht kein großer Unterschied zwischen den beiden Vorwärtstransformationen. Betrachtet man die geforderte Bahngenauigkeit von $\pm$ 10cm entlang einer vorgebenen Sollbahn, so sind die Fehler in der Positionsbestimmung hervorgerufen durch die Zeitquantisierung nahezu vernachlässigbar. Der Rechenaufwand beider Vorwärtstransformationen liegt in der gleichen Größenordnung (vgl. Gln.(3.21), (3.22) und (3.29), (3.30)), jedoch benötigt die VT2 die Winkelgeschwindigkeit zu Beginn des Transformationsintervalls als zusätzliche Meßgröße. Daher wurde die Vorwärtstransformation VT1 im Transportsystem "FLEXL" verwendet (siehe Abschnitt 5.3).

3.3 Fehlerhafte Sollwertvorgabe durch Zeitdiskretisierung

Bei fahrerlosen Transportfahrzeugen bietet es sich an die Sollwerte zunächst in Raumkoordinaten vorzugeben und anschließend on line mit Hilfe der Rückwärtstransformation in Achssollwerte umzurechnen. Dies hat die folgenden Gründe

* Anlagenplaner denken in Raumkoordinaten, d.h. eine übersichtliche Bewegungsvorgabe ist möglich.
* Generierung von Korrekturbahnen an Referenzpositionen, z.B. zur Positionierung, sind einfacher realisierbar.
* Es entsteht eine kinematikunabhängige Struktur der Bewegungssteuerung.

Ausgangspunkt für die Bestimmung der Rückwärtstransformation sind wiederum die kinematischen Gleichungen des jeweiligen Transportfahrzeugs. Auch hier sind analog zur Positionsbestimmung aufgrund des nichtlinearen Charakters der kinematischen Gleichungen Näherungen erforderlich. Folgende unterschiedliche Vorgehensweisen bei der Bestimmung der Rückwärtstransformation sind denkbar:

* Annahme eines linearen Zeitverhaltens der Achskoordinaten zwischen zwei Meßzeitpunkten,
* Linearisierung der kinematischen Gleichungen um den momentanen Arbeitspunkt und
* Annahme eines linearen Zeitverhaltens der Raumkoordinaten zwischen zwei Meßzeitpunkten.

Durch diese unterschiedlichen Annahmen und Näherungen kommt es bereits zu einer fehlerbehafteten Sollwertvorgabe. Im folgenden werden am Beispiel des Transportsystems "FLEXL" (siehe Bild 3.4) die unterschiedlichen Transformationsgleichungen hergeleitet und eine Fehlerabschätzung bei unterschiedlichem Sollbahnverlauf durchgeführt.

3.3.1 Bestimmung der Rückwärtstransformation bei linearem Zeitverhalten der Achssollwerte zwischen zwei Meßzeitpunkten

Ausgangspunkt zur Bestimmung der Gleichungen der Rückwärtstransformation RT1 bei linearem Zeitverhalten der Achssollwerte zwischen zwei Meßzeitpunkten sind die in Abschnitt 3.2.2.1 bestimmten Gleichungen (3.21) und (3.22) der Vorwärtstransformation VT1. Für die Sollwerte ergibt sich hieraus:

$$\Delta x_s = D/4\ (\Delta\beta_{1s}+\Delta\beta_{2s})\ 2\ \frac{\sin(\Delta\phi_s/2)}{\Delta\phi_s/2}\cos(\phi_{s,k} + \Delta\phi_s/2) \tag{3.37}$$

$$\Delta y_s = D/4\ (\Delta\beta_{1s}+\Delta\beta_{2s})\ 2\ \frac{\sin(\Delta\phi_s/2)}{\Delta\phi_s/2}\sin(\phi_{s,k} + \Delta\phi_s/2) \tag{3.38}$$

$$\Delta\gamma_s = \Delta\phi_s - \Delta\delta_s \tag{3.39}$$

Teilt man (3.38) durch (3.37), so erhält man

$$\frac{\Delta y_s}{\Delta x_s} = \tan\,(\phi_{s,k} + \Delta\phi_s/2).$$

Umgeformt ergibt sich

$$\Delta\phi_s = 2(\arctan \frac{\Delta y_s}{\Delta x_s} - \phi_{s,k}) \tag{3.40}$$

mit

$$\phi_{s,k} = \phi_{s,k-1} + \Delta\phi_s$$

$$\Delta\phi_s = D/2B\ (\Delta\beta_{1s} - \Delta\beta_{2s}) \tag{3.41}$$

Gln. (3.37) und (3.38) quadriert, addiert und umgestellt nach $\Delta\beta_{1s}$ und $\Delta\beta_{2s}$ ergibt

$$\Delta\beta_{1s} + \beta_{2s} = 4/D\ \frac{\sqrt{\Delta x_s^2 + \Delta y_s^2}}{\mathrm{si}\ (\Delta\phi/2)}\ . \tag{3.42}$$

Addiert und subtrahiert man die Gleichungen (4.41) und (4.42), so erhält man die Gleichungen der Rückwärtstransformation RT1:

$$\Delta\beta_{1s} = \frac{2B}{D}\ (\frac{\sqrt{\Delta x_s^2 + \Delta y_s^2}}{B\ \mathrm{si}\ (\Delta\phi_s/2)} + \Delta\phi_s/2) \tag{3.43}$$

$$\Delta\beta_{2s} = \frac{2B}{D}\ (\frac{\sqrt{\Delta x_s^2 + \Delta y_s^2}}{B\ \mathrm{si}\ (\Delta\phi_s/2)} - \Delta\phi_s/2) \tag{3.44}$$

$$\Delta\delta_s = \Delta\phi_s - \Delta\gamma_s \tag{3.45}$$

Die Transformationsgleichungen zeigen deutlich die Aufspaltung der

Bewegung in einen rotatorischen ($\Delta\phi_s/2$) und einen translatorischen Anteil.

3.3.2 Bestimmung der Rückwärtstransformation durch Linearisierung um den momentanan Arbeitspunkt

Ausgangspunkt bei der Bestimmung der Rückwärtstransformation durch Linearisierung um den momentanen Arbeitspunkt sind die im Abschnitt 3.2.2 bestimmten linearisierten kinematischen Gleichungen (3.27) und (3.28). Für die Sollwerte ergibt sich hieraus:

$$\dot{x}_s = D/4\ \cos\phi_{s,k}(\dot{\beta}_{1s}+\dot{\beta}_{2s})-D/4\ \sin\phi_{s,k}(\dot{\beta}_{1s,k}+\dot{\beta}_{2s,k})(\phi_s-\phi_{s,k}) \qquad (3.46)$$

$$\dot{y}_s = D/4\ \sin\phi_{s,k}(\dot{\beta}_{1s}+\dot{\beta}_{2s})+D/4\ \cos\phi_{s,k}(\dot{\beta}_{1s,k}+\dot{\beta}_{2s,k})(\phi_s-\phi_{s,k}) \qquad (3.47)$$

$$\dot{\gamma}_s = D/2B\ (\dot{\beta}_{1s} - \dot{\beta}_{2s}) - \dot{\delta}_s \qquad (3.48)$$

Transformiert man diese Gleichungen vom Zeit- in den Laplacebereich, so lassen sich unter Verwendung der Beziehung

$$\{\phi_s - \phi_{s,k}\} = \frac{1}{s}\,\frac{D}{2B}\,(\dot{\beta}_{1s}(s) - \dot{\beta}_{2s}(s))$$

die linearisierten Gleichungen als Matrizengleichung darstellen.

$$\underline{\dot{x}}_s(s) = A_{lin}\ \underline{\dot{\beta}}_s(s) \qquad (3.49)$$

mit

$$\underline{\dot{x}}_s(s) = \begin{bmatrix} \dot{x}_s(s) \\ \dot{y}_s(s) \\ \dot{\gamma}_s(s) \end{bmatrix} \quad ; \quad \underline{\dot{\beta}}_s(s) = \begin{bmatrix} \dot{\beta}_{1s}(s) \\ \dot{\beta}_{2s}(s) \\ \dot{\delta}_s(s) \end{bmatrix}$$

und

$$A_{lin} = D/4 \begin{bmatrix} \cos\phi_{s,k}-\omega_{s,k}\sin\phi_{s,k}\ 1/s & \cos\phi_{s,k}+\omega_{s,k}\sin\phi_{s,k}\ 1/s & 0 \\ \sin\phi_{s,k}+\omega_{s,k}\cos\phi_{s,k}\ 1/s & \sin\phi_{s,k}-\omega_{s,k}\cos\phi_{s,k}\ 1/s & 0 \\ 2/B & -2/B & -4/D \end{bmatrix}$$

mit den Abkürzungen

$$\omega_{s,k} = D/2B\ (\dot{\beta}_{1s,k} + \dot{\beta}_{2s,k}),$$

s : Laplace-Operator.

Multipliziert man die Gleichung (3.49) mit der inversen Matrix A^{-1}_{lin}, so ergibt sich

$$\underline{\dot{\beta}}_s(s) = A^{-1}_{lin}\ \underline{\dot{x}}_s(s) \tag{3.50}$$

mit

$$A^{-1}_{lin} = \frac{2}{D\omega_{s,k}} \begin{bmatrix} \omega_{k,s}\cos\phi_{s,k} - s\ \sin\phi_{s,k} & \omega_{s,k}\sin\phi_{s,k} + s\ \cos\phi_{s,k} & 0 \\ \omega_{k,s}\cos\phi_{s,k} + s\ \sin\phi_{s,k} & \omega_{s,k}\sin\phi_{s,k} - s\ \cos\phi_{s,k} & 0 \\ -D/B\ s\ \sin\phi_{s,k} & D/B\ s\ \cos\phi_{s,k} & -\omega_{s,k}D/2 \end{bmatrix}$$

Transformiert man die Gleichung (3.50) in den Zeitbereich und integriert diese Gleichungen im Intervall $[t_k,\ t_k+\Delta t]$, so erhält man die Gleichungen der Rückwärtstransformation RT2:

$$\Delta\beta_{1s} = 2/D\ (\cos\phi_{s,k}\Delta x_s + \sin\phi_{s,k}\Delta y_s) - 2/(D\omega_{s,k})(\sin\phi_{s,k}\Delta\dot{x}_s) - \cos\phi_{s,k}\Delta\dot{y}_s) \tag{3.51}$$

$$\Delta\beta_{2s} = 2/D\ (\cos\phi_{s,k}\Delta x_s + \sin\phi_{s,k}\Delta y_s) + 2/(D\omega_{s,k})(\sin\phi_{s,k}\Delta\dot{x}_s - \cos\phi_{s,k}\Delta\dot{y}_s) \tag{3.52}$$

$$\Delta\delta_s = -2/(B\omega_{s,k})(\sin\phi_{s,k}\Delta\dot{x}_s - \cos\phi_{s,k}\Delta\dot{y}_s) - \Delta\gamma \tag{3.53}$$

mit $\qquad \omega_{s,k} = 2/B\ \sqrt{\dot{x}^2_{s,k} + \dot{y}^2_{s,k}}$

Auch bei Gln. (3.51) und (3.52) repräsentiert der vordere Summand den translatorischen und der hintere den rotatorischen Anteil der Bewegung. Als Sollwerte müssen bei dieser Transformation auch die Änderungen der Geschwindigkeiten $\Delta\dot{x}_s$ und $\Delta\dot{y}_s$ im Interpolator vorgegeben werden. Für $\omega_{s,k} = 0$, d.h. das Fahrzeug ist in völligem Stillstand oder führt eine Drehung um den Fahrzeugmittelpunkt aus, besitzt die

RT2 eine Singularität. Für diese Fahrzustände ergeben sich gesonderte Gleichungen der Rückwärtstransformation:

$$\Delta\beta_{1s} = B/D\ \Delta\phi_s \tag{3.54}$$

$$\Delta\beta_{2s} = -B/D\ \Delta\phi_s \tag{3.55}$$

$$\Delta\delta_s = \Delta\delta_s - \Delta\gamma_s \tag{3.56}$$

wobei es sich bei $\Delta\phi_s$ um den im Interpolator vorzugebenden Zuwachs in der Drehkernorientierung handelt.

3.3.3 Bestimmung der Rückwärtstransformation bei linearem Zeitverhalten in den Raumkoordinaten zwischen zwei Meßzeitpunkten

Die kinematischen Gleichungen (3.18)...(3.20) lassen sich unter Verwendung der Beziehung

$$\phi = D/2B\ (\beta_1 - \beta_2)$$

durch eine einfache Umformung in folgende Form bringen:

$$\dot\beta_1 = 2/D \sqrt{\dot x^2 + \dot y^2} + B/D\ \dot\phi \tag{3.57}$$

$$\dot\beta_2 = 2/D \sqrt{\dot x^2 + \dot y^2} - B/D\ \dot\phi \tag{3.58}$$

$$\dot\delta = \dot\phi - \dot\gamma \tag{3.59}$$

$$\phi = \arctan \dot y/\dot x \tag{3.60}$$

Unter der Annahme eines linearen Zeitverhaltens der Sollwerte in den Raumkoordinaten im Transformationsintervall $[t_k,\ t_k + \Delta t]$

$$\dot x_s = \frac{\Delta x_s}{\Delta t} \quad ; \quad \dot y_s = \frac{\Delta y_s}{\Delta t}$$

sind die obigen Gleichungen integrierbar und man erhält die Gleichungen der Rückwärtstransformation RT3 bestimmen:

$$\Delta\beta_{1s} = 2/D \sqrt{\Delta x_s^2 + \Delta y_s^2} + B/D \, \Delta\phi_s \tag{3.61}$$

$$\Delta\beta_{2s} = 2/D \sqrt{\Delta x_s^2 + \Delta y_s^2} - B/D \, \Delta\phi_s \tag{3.62}$$

$$\Delta\delta_s = \Delta\phi_s - \Delta\gamma_s \tag{3.63}$$

$$\Delta\phi_s = \arctan \frac{\Delta y_s}{\Delta x_s} - \phi_{s,k} \tag{3.64}$$

Auch hier enthalten die Transformationsgleichungen (3.61) und (3.62) einen translatorischen ($\sqrt{\Delta x_s^2 + \Delta y_s^2}$) und einen rotatorischen ($\Delta\phi_s$) Anteil. Die durchgeführte Linearisierung in den Raumkoordinaten entspricht einer Annäherung der Sollbahn durch einen Polygonzug. Bei Drehungen im Stand kann $\Delta\phi_s$ nicht mehr über den Arcustangens (Gl.3.64) ermittelt werden. In diesem Fall muß ϕ_s direkt als Sollwert vorgegeben werden.

3.3.4 Fehlerabschätzungen der Sollwertvorgabe bei unterschiedlichem Sollbahnverlauf

Analog zur Positionsbestimmung treten auch bei der Sollwertvorgabe durch die getroffenen Annahmen und Näherungen systematische Bahnfehler pro Abtastschritt auf. Im Vordergrund stehen nicht die aus der jeweiligen Rückwärtstransformation resultierenden Fehler in den Achssollwerten sondern die daraus resultierenden Positionsfehler $R_{x,s}$, $R_{y,s}$ und $R_{\gamma,s}$. Für die pro Abtastintervall gestellten Positionsinkremente gilt:

$$\Delta x_{res} = \Delta x_s + R_{x,s}(\Delta t)$$

$$\Delta y_{res} = \Delta y_s + R_{y,s}(\Delta t)$$

$$\Delta\gamma_{res} = \Delta\gamma_s + R_{\gamma,s}(\Delta t)$$

Im Gegensatz zu den Vorwärtstransformationen lassen sich die Positionsfehler, die durch die Rückwärtstransformationen entstehen nur für die Rückwärtstransformation RT2 analytisch abschätzen. Für die RT2 ergeben sich die folgenden maximalen Transformationsfehler pro Abtastschritt:

$$|R_{x,s}| \leq 1/6\; D^2/8B\; |\dot{\beta}_{1s}-\dot{\beta}_{2s}|_{max} \sqrt{4|\ddot{\beta}_{1s}+\ddot{\beta}_{2s}|^2_{max} + D/2B^2\, |\dot{\beta}_{1s}+\dot{\beta}_{2s}|^2_{max} * |\dot{\beta}_{1s}-\dot{\beta}_{2s}|^2_{max}}\, \Delta t^3 \qquad (3.65)$$

$$|R_{y,s}| = |R_{x,s}| \qquad (3.66)$$

$$|R_{\gamma,s}| = 0 \qquad (3.67)$$

Die resultierende Positionsfehler der Rückwärtstransformationen RT1 und RT3 lassen sich lediglich simulativ ermitteln. Hierzu wird die Zeitdiskretisierung auf einem Digitalrechner nachgebildet. Die analytisch vorgegebene Sollbahn wird mit der über die Rückwärtstransformation erzeugten Bahn verglichen. In Bild 3.5 ist der Signalfluß in

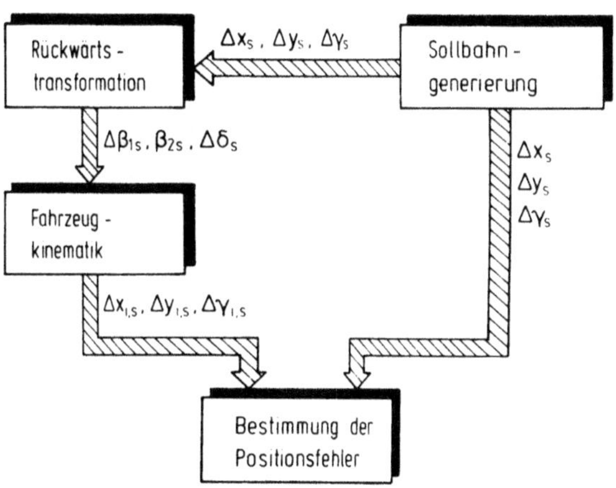

Bild 3.5: Simulationsstruktur zur Bestimmung der Transformationsfehler

der Simulation dargestellt. Die Fahrzeugkinematik wurde dabei durch die Vorwärtstransformation VT1 beschrieben, die wie in Abschnitt 3.2.2.1 dargestellt, von einem linearen Zeitverhalten der Achssollwerte im Abtastintervall ausgeht. Somit werden die simulierten Positionsfehler lediglich durch die Rückwärtstransformation hervorgerufen.

Zum Vergleich der unterschiedlichen Transformationsverfahren wurden wiederum unterschiedliche Sollbahnverläufe herangezogen. Dabei zeigte sich, daß sich bei RT1 durch sprungförmige Bahnkrümmungsänderungen alternierende Folgen anregen lassen. Derartige Schwingungen werden durch die verwendete Rekursion Gln. (3.40) verursacht. Die in Tabelle 3.2 aufgeführten Ergebnisse beziehen sich daher lediglich auf die beiden verbleibenden Rückwärtstransformationen.

	Positionsfehler		
	RT2	RT3	
Gerade	0	0	beliebige Geschw.
Kreisbogen von 90° bei konst. Geschw.	249µm	10mm	Krümmungsradius $r_K = B/2$ Geschwindigkeit $v_K = v_{max}/2$
Kreisbogen von 90° bei konst. Beschl.	296µm	7,85mm	Krümmungsradius $r_K = B/2$ Beschleunigung $a_K = v_{max}/2\pi B$

Tabelle 3.2: Maximale Positionsfehler $R_{x,s}$ und $R_{y,s}$ bei unterschiedlichem Sollbahnverlauf

Bei beiden Transformationen wird der Lagewinkel γ fehlerfrei gestellt, so daß sich daher keine wachsenden Positionsfehler aufgrund bleibender Winkelfehler ergeben. Den angegebenen Zahlenwerten für die Positionsfehler liegen wiederum eine Abtastzeit von Δt = 20ms, eine maximale Fahrgeschwindigkeit v_{max} = 2m/s und ein Radabstand B = 840mm zugrunde.

Bezüglich der Genauigkeit ist die RT2 mit ihrer quadratischen Abhängigkeit von Δt gegenüber der in Δt linearen RT3 deutlich im Vorteil (siehe auch /35/). Dies ist im wesentlichen auf die Unterschiede bei Bestimmung der Sollorientierung $\Delta\phi_s$ in Gln. (3.53) bzw. (3.64) zurückzuführen. Die Rückwärtstransformation RT2 benötigt jedoch als Eingangsgrößen zusätzlich die Geschwindigkeitsänderungen $\Delta\dot{x}_s$ und $\Delta\dot{y}_s$ und erfordert somit zugeschnittene Interpolationsalgorithmen. Daher wurde die Rückwärtstransformation RT3 im Transportsystem "FLEXL" verwendet (siehe Abschnitt 5.3).

3.4 Beurteilung des Bahnverhaltens fahrerloser Transportsysteme bei spurungebundener Führung

Die in den vorherigen Abschnitten durchgeführte Analyse des Bahnverhaltens fahrerloser Transportsysteme ergab folgende Ergebnisse:

* Dynamische Bahnabweichungen hervorgerufen durch Schleppfehler in den Bewegungsachsen können insbesondere bei herkömmlichen linienbeweglichen Transportfahrzeugen vom Typ FZ11 zu Bahnfehlern im Zentimeterbereich führen. Durch Änderungen im Trägheitsmoment sowie durch Rückstellmomente auf die Lenkachsen können hierbei große Schwankungen auftreten. Die Kompensation derartiger Bahnfehler durch steuerungs- und regelungstechnische Maßnahmen steht bei der spurungebundenen Führung im Vordergrund.

* Bahnfehler hervorgerufen durch die Zeitdiskretisierung sowohl in der Rückwärtstransformation als auch bei Positionsbestimmung spielen eine untergeordnete Rolle. Für Abtastzeiten unter Δt = 20ms liegen die zugeordneten Bahnfehler abhängig vom jeweiligen Transformationsverfahren im Bereich weniger Millimeter.

* Schlupf insbesondere Seitenschlupf kann auch bei fahrerlosen Transportfahrzeugen auftreten. Die zugehörigen maximalen Bahnfehler liegen aber im Bereich weniger Millimeter. Allerdings muß durch entsprechende Führungsgrößenvorgabe ein Haften der Antriebs- und Meßräder auf der Fahrbahn gewährleistet sein.

* Durch Wahl eines günstigen kinematischen Aufbaus der Transportfahrzeuge lassen sich Bahnfehler hervorgerufen durch mechanische Ungenauigkeiten oder überbestimmte Kinematik minimieren. Derartige Bahnfehler sind jedoch nie vollständig zu vermeiden.

* Durch rutschige, ölige Fußböden oder auch durch Verhärtungen in der Aufstandsfläche der Antriebsräder kann es zu drastischen Veränderungen der Haftreibungskoeffizienten zwischen Rad und Boden kommen, was letztendlich zum Durchdrehen der Antriebsräder und zum Ausbrechen der Fahrzeuge führen kann. Durch Beschränkung der Beschleunigungen, der Fahrgeschwindigkeiten sowie der minimalen Kurvenradien lassen sich derartige Effekte weitgehend ausschließen. Denkbar ist auch der Einsatz inertialer Meßsysteme, wie z.B. Faserkreisel oder Beschleunigungsaufnehmer, zur Gleitüberwachung und Kompensation entstandener Bahnfehler.

Eine endgültige Beurteilung des Bahnverhaltens und der erreichbaren maximalen Wegstrecken zwischen zwei Referenzstellen bei spurungebundener Führung fahrerloser Transportsysteme ermöglicht erst die praktische Erprobung. In Abschnitt 5.4 sind die Ergebnisse derartiger Untersuchungen dargestellt. Zunächst werden jedoch noch die entsprechenden Reglerstrukturen zur Bahnführung betrachtet.

4 Reglerstrukturen zur hochgenauen Bahnführung spurungebundener Transportfahrzeuge

Wie im vorherigen Kapitel bereits dargestellt, wird das Bahnverhalten selbststeuernder Transportfahrzeuge im wesentlichen durch die dynamischen Schleppfehler in den Bewegungsachsen bestimmt. Dabei treten nicht vernachlässigbare Parameter- und Störmomentenschwankungen auf, die den Einsatz von Verfahren der Führungsgrößenverzerrung /36/ unmöglich machen. Vielmehr müssen Reglerstrukturen eingesetzt werden, die eine hohe Robustheit gegenüber Parameter- und Störmomentenschwankungen und minimale dynamische Bahnabweichungen aufweisen. Weiterhin sollte der Off-line-Entwurfsaufwand gering und die On-line-Rechenzeiten niedrig sein.

Auf Grund der in Abschnitt 3.3 dargestellten Vorteile wird im folgenden davon ausgegangen, daß die Fahrzeugbewegung in Raumkoordinaten vorgegeben wird. Somit lassen sich zur Bahnführung selbststeuernder Transportsysteme zwei Konzepte unterscheiden (siehe auch /30/):

* Transformation von Raumkoordinaten in Maschinenkoordinaten und Achsregelung in Maschinenkoordinaten.
* Transformation von Raumkoordinaten in Maschinenkoordinaten mit zusätzlicher Regelung in Raumkoordinaten und unterlagerter Achsregelung in Maschinenkoordinaten.

In Bild 4.1 sind die unterschiedlichen Konzepte zur Bahnführung spurungebundener Transportfahrzeuge dargestellt. Zur Regelung in Raumkoordinaten (Struktur B) ist die Erfassung von Position und Orientierung des Fahrzeugs erforderlich. Dies kann mit Hilfe einer Absolutsensorik (z. B. mittels Ultraschallsensoren oder Lasermeßsystemen) oder aus Winkelmeßsystemen über die Vorwärtstransformation erfolgen. Bei diesem Regelungskonzept tritt ein Aufaddieren dynamischer Bahnabweichungen nicht auf, da die Differenz zwischen der gemessenen Raumposition und der vom Interpolator vorgegebenen Bahnsollwerte ausgeregelt werden. Die Bahngenauigkeit wird dabei im wesentlichen durch die Positionserfassung bestimmt.

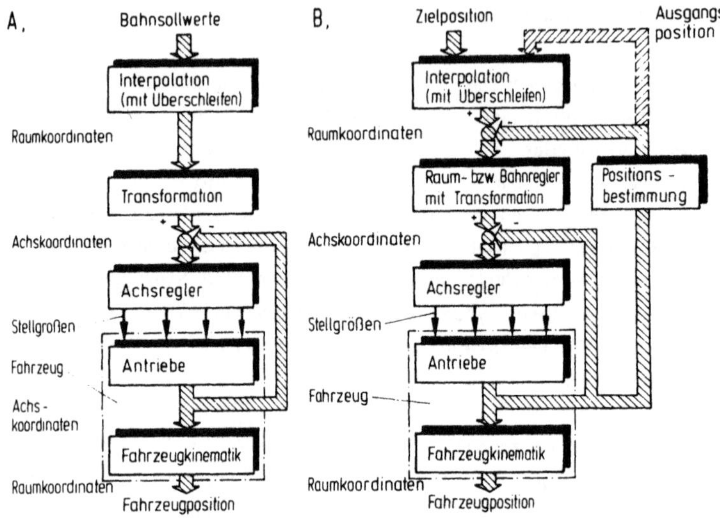

Bild 4.1: Unterschiedliche Bahnführungskonzepte für spurungebundene Transportfahrzeuge

Ist die Positionserfassung in Raumkoordinaten nicht möglich oder nur mit sehr großem Aufwand realisierbar, so bietet sich die Struktur A zur Bahnführung spurungebundener Transportfahrzeuge an. Auf Grund der fehlenden Information über die aktuellen Bahnabweichungen müssen Achsregelverfahren zum Einsatz kommen, die minimale dynamische Schleppfehler auch bei Parameter- und Störmomentenschwankungen aufweisen.

4.1 Regelung spurungebundener Transportfahrzeuge in Raumkoordinaten

Zur Regelung von Industrierobotern in Raumkoordinaten wurden bereits unterschiedliche Verfahren vorgeschlagen. Man unterscheidet zwischen sogenannten Mehrgrößenregelverfahren, die auf dem Prinzip der nichtlinearen Entkopplungsregelung basieren /37/, /38/, /39/, und Verfahren, die lediglich eine kinematische Entkopplung der Regelstrecke vornehmen /40/. Regelverfahren mit kinematischer Entkopplung werden insbesondere bei der sensorgeführten Programmierung /41/ und bei Bearbeitungsaufgaben mit Industrierobotern /42/, /43/ eingesetzt.

Auf Grund der hohen Empfindlichkeit hinsichtlich Parameterschwankungen und Stellgrößenbeschränkungen sowie dem außerordentlich hohen Entwurfsaufwand und einer hohen On-line-Rechenzeit ist die nichtlineare Entkopplung zur Bahnführung spurungebundener Transportfahrzeuge nicht geeignet. Betrachtet werden daher Regelverfahren basierend auf dem Prinzip der kinematischen Entkopplung, d. h. unter Verwendung der Vorwärtstransformation. Es lassen sich hierbei zwei Strukturen zur Regelung in Raumkoordinaten unterscheiden:

* Direkte Regelung in kartesischen Koordinaten und
* Bahnregelung entlang einer virtuellen Leitlinie.

Die in Raumkoordinaten erfaßte Bahnabweichung der Fahrzeugposition x, y und γ wird bei der direkten Regelung im sogenannten Raumregler skalar gewichtet und nach der Rückwärtstransformation zu den Achssollwerten hinzuaddiert. Bei Fahrzeugen mit exzentrisch angebrachten Fahrantrieben (siehe Bild 2.1) muß zudem die Abweichung der jeweiligen Drehkernorientierung $\Delta\phi$ erfaßt und ausgeregelt werden, um ein definiertes Fahrverhalten zu gewährleisten.
Hauptnachteil dieses Konzeptes ist die Instabilität im Stand oder bei langsamer Fahrt, da in diesen Fällen bereits kleine Abweichungen von der Sollbahn oder gar das Meßrauschen große Stellgrößenänderungen in der Drehkernorientierung ϕ bewirken. Derartige Singularitäten treten bei der Regelung entlang einer virtuellen (oder auch realen) Leitlinie nicht auf. Am Beispiel der Kinematik des Transportsystems "FLEXL" (siehe Bild 3.4) wird im folgenden eine derartige Bahnregelung entlang einer virtuellen Leitlinie dargestellt.

4.1.1 Bahnregelung entlang einer virtuellen Leitlinie

Hauptgedanke der Bahnregelung entlang einer virtuellen Leitlinie ist die Umwandlung des gemessenen seitlichen Versatzes eines frei wählbaren Fahrzeugbezugspunktes (z.B. Fahrzeugmittelpunkt) in eine Änderung der Drehkernorientierung in Richtung der vorgegebenen Sollbahn. Dies bewirkt eine Annäherung des Fahrzeugs an die virtuelle Leitlinie. Dieses Reglerkonzept basiert demzufolge auf dem in /7/ vorgeschlagenen Regelungsverfahren bei Querfahrt mit dem Unterschied, daß beim Transportsystem "FLEXL" die Drehkernorientierung ϕ und die Rahmenorientierung γ unabhängig voneinander vorgebbar sind. Die virtuelle Leitlinie ergibt sich dabei aus den im Interpolationstakt bestimmten Stützpunkten der Sollbahn (siehe Bild 4.2).

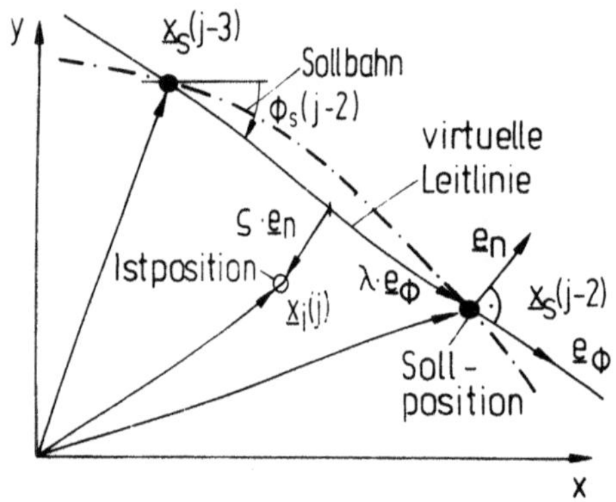

Bild 4.2: Virtuelle Leitlinie zum Zeitpunkt j

Bezüglich einem ortsfesten Hallenkoordinatensystem ergeben sich aus Bild 4.2 folgende Vektoren und zu regelnde Größen:

$$\underline{x}_i(j) = \begin{bmatrix} x_i(j) \\ y_i(j) \end{bmatrix} \qquad \text{... aktueller Istwertvektor}$$

$\underline{x}_s(j\text{-}2)$	... zu $\underline{x}_i(j)$ gehöriger Sollwertvektor
$\phi_s(j\text{-}2) = \arctan \dfrac{y_s(j\text{-}3)-y_s(j\text{-}2)}{x_s(j\text{-}3)-x_s(j\text{-}2)}$	... zu $\underline{x}_i(j)$ gehörende Sollorientierung des Drehkerns
$\underline{e}_\phi = \begin{bmatrix}\cos\phi_s(j\text{-}2)\\ \sin\phi_s(j\text{-}2)\end{bmatrix}$	... Einheitsvektor in Richtung von $\phi_s(j\text{-}2)$
$\underline{e}_n = \begin{bmatrix}-\sin\phi_s(j\text{-}2)\\ \cos\phi_s(j\text{-}2)\end{bmatrix}$	... Einheitsvektor normal zu $\underline{e}_\phi$
λ	... Abstand in Richtung von $\phi_s(j\text{-}2)$
ρ	... seitlicher Versatz zur virtuellen Leitlinie

Die zeitliche Verschiebung um zwei Abtastschritte zwischen dem aktuellen Istwertvektor $\underline{x}_i(j)$ und dem zugehörigen Sollwertvektor $\underline{x}_s(j\text{-}2)$ ergibt sich aus der Tatsache, daß die Bahnregelung und die unterlagerte Achslageregelung in zwei unterschiedlichen Interruptebenen abgearbeitet werden. Die durch einen Bahnsollwert zum Zeitpunkt t_{j-2} verursachte Istwertänderung in Raumkoordinaten, ist in der Interruptebene der Bahnregelung erst zum Zeitpunkt t_j bekannt.

Nach einigen Umrechnungen erhält man für die zu regelnden Abstände ρ und λ bezüglich der virtuellen Leitlinie:

$$\lambda = \cos\phi_s(j\text{-}2)(x_s(j\text{-}2)-x_i(j)) + \sin\phi_s(j\text{-}2)\ (y_s(j\text{-}2)-y_i(j)) \quad (4.1a)$$

$$\rho = \sin\phi_s(j\text{-}2)(x_s(j\text{-}2)-x_i(j)) - \cos\phi_s(j\text{-}2)\ (y_s(j\text{-}2)-y_i(j)) \quad (4.1b)$$

Die Regelalgorithmen der Bahnregelung lauten:

$$\Delta\phi^* = k_\phi\ (\phi_s(j\text{-}2) - \phi_i(j)) \pm k_\rho\ \rho \quad (4.2a)$$

$$\Delta\gamma^* = k_\gamma\ (\gamma_s(j\text{-}2) - \gamma_i(j)) \quad (4.2b)$$

$$\Delta\lambda = k_\lambda\ \lambda \quad (4.2c)$$

Das Vorzeichen in Gln. (4.2a) ist abhängig von der Bewegungsrichtung. Eine Regelung in γ (Gln. 4.2b) kann auch entfallen, da sowohl δ als auch ϕ geregelte Größen sind. Die Änderungen $\Delta\phi^*$, $\Delta\gamma^*$ und $\Delta\lambda$ müssen noch in Achskoordinaten transformiert werden. Es gilt:

$$\Delta\beta^*_{1s}(j) = 2/D\ \Delta\lambda - B/D\ \Delta\phi^* \quad (4.3a)$$

$$\Delta\beta^*_{2s}(j) = 2/D\ \Delta\lambda + B/D\ \Delta\phi^* \quad (4.3b)$$

$$\Delta\delta^*_s(j) = \Delta\phi^* - \Delta\gamma^*. \quad (4.3c)$$

Wie in Bild 4.3 dargestellt, werden die über die Bahnregelung ermittelten Sollgrößenänderungen $\Delta\beta^*_{1s}$, $\Delta\beta^*_{2s}$ und $\Delta\delta^*_s$ zu den über die Rück-

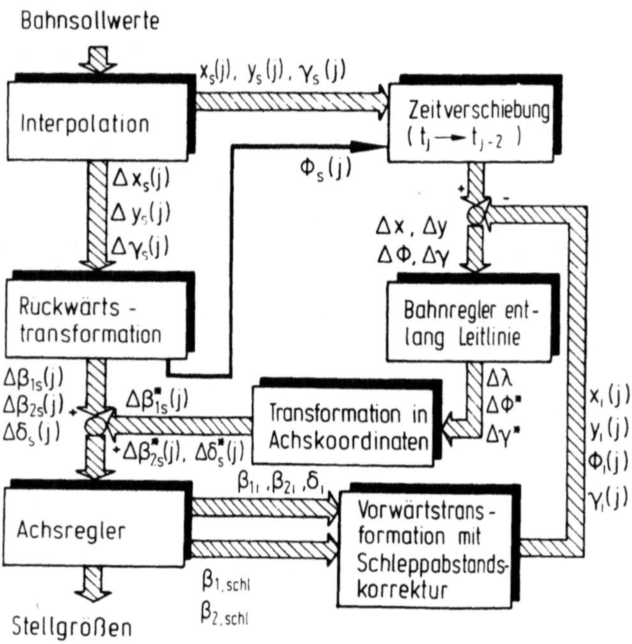

Bild 4.3: Bahnregelung des Transportfahrzeugs "FLEXL" entlang einer virtuellen Leitlinie ($\beta_{i,schl}$: Schleppfehler in β_i)

wärtstransformation ermittelten Sollgrößenänderungen hinzuaddiert. Die Regelung in ρ verursacht eine wachsende Differenz zwischen Soll- und Istorientierung des Drehkerns, zudem schneidet die Bahn der Korrekturbewegung die Sollbahn unter einem Winkel ungleich Null. Dies führt zum Überschwingen des Reglers. Um dies zu kompensieren, wird der Regelung in ρ eine Regelung der Drehkernorientierung ϕ überlagert (siehe Gln. 4.2a). Die Kombination beider Regler führt bei einer gegebenen Anfangsabweichung zu einer asymptotischen Annäherung an die Sollbahn. Die Regelbewegungen in ϕ bewirken eine Abweichung zwischen Soll- und Istbahn in Richtung der Leitlinie. Die daraus entstehenden Differenzen werden durch die Rückführung von λ über k_λ kompensiert (Gln. 4.2c).

In <u>Bild 4.4</u> ist das Einschwingverhalten des Transportsystems "FLEXL" auf die Sollbahn bei optimal eingestellten Bahnregelungskoeffizienten dargestellt. Bei einer Bahngeschwindigkeit von $v_F = 0{,}3\ \frac{m}{s}$ wird ein

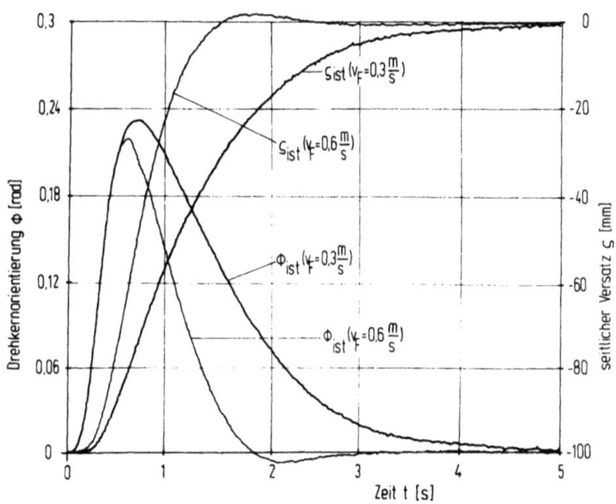

<u>Bild 4.4</u>: Einschwingverhalten des seitlichen Abstandes ρ und der Drehkernorientierung ϕ bei einer seitlichen Anfangsabweichung von 100 mm und zwei unterschiedlichen Fahrgeschwindigkeiten

sprungförmig auftretender seitlicher Versatz ρ in einer Zeit von T = 5s, d.h. auf einer Fahrstrecke von 1,5 m, ausgeregelt. Bei höheren Bahngeschwindigkeiten (siehe Bild 4.4) verkürzt sich die Regelzeit, jedoch ist der dabei zurückgelegte Weg insgesamt etwas länger. Dies ist auf die Beschleunigungsbegrenzung in der Drehkernorientierung ϕ zurückzuführen. Dadurch tritt auch bei höheren Fahrgeschwindigkeiten ein Überschwingen im seitlichen Versatz ρ und in der Drehkernorientierung ϕ auf (siehe Bild 4.4).

Wichtiger Bestandteil des in Bild 4.3 dargestellten Bahnregelungsverfahrens ist die Schleppabstandskorrektur der Istwerte in Raumkoordinaten. Dabei werden aus den Schleppabständen der Fahrantriebe der aktuelle Schleppabstand des Fahrzeugs in Raumkoordinaten bestimmt und zu den aktuellen Positionsistwerten hinzuaddiert. Die Bahnregelung kompensiert demzufolge lediglich dynamische Bahnabweichungen, die im Zielpunkt durch die einzelnen Lageregelkreise auf Achsebene nicht mehr kompensiert werden können. Im Abschnitt 3.1.1 wurde bereits dargestellt, wie es bei konventionell geregelten Transportfahrzeugen zu derartigen bleibenden Positionsabweichungen kommen kann. Durch die Schleppabstandskorrektur ist es möglich, die Koeffizienten der Bahnregelung unabhängig von den Lageregelkreisen der einzelnen Bewegungsachsen einzustellen. Die Schleppabstandskorrektur führt zwar zu etwas größeren Bahnabweichungen während der Fahrt, verhindert jedoch ein Überschwingen beim Positionieren.

Ein großer Vorteil der Bahnregelung entlang einer virtuellen Leitlinie besteht darin, daß sich dieses Konzept auch auf eine reale (z. B. aktive) Leitlinie anwenden läßt. In diesem Fall wird der seitliche Versatz zur Leitlinie nicht mehr aus den Daten der Vorwärtstransformation, sondern über induktive Abstandssensoren am Fahrzeug ermittelt. Dadurch ist eine Kombination von spurungebundener und spurgebundener Fahrt ohne Wechsel des Reglerprinzips möglich. Möchte man jedoch eine hohe Dynamik unter Verwendung dieses Bahnregelverfahrens erreichen, so ist dies nur durch den Einsatz hochdynamischer Antriebe möglich. Auf Grund der damit verbundenen Kosten und der durch die Haftreibung zwischen Rad und Boden beschränkten Beschleunigungsfähigkeit ist dieser Weg wenig erfolgversprechend. Als Alternative bieten sich Regelverfahren auf Achsebene mit minimalen dynamischen Bahnabweichungen an.

4.2 Achsregelkonzepte für hohe Bahngenauigkeiten

Als Regelverfahren auf Achsebene kommen folgende Verfahren in Frage

* Konventionelle Kaskadenregelungen,
* Zustandsregelungen sowie
* prädiktive Regelverfahren.

Konventionelle Kaskaden mit einer P-Lagerung und einer PI-Drehzahlregelung scheiden aus, da bei konstanter Fahr- bzw. Lenkgeschwindigkeit prinzipiell ein Schleppabstand vorliegt. D.h. abhängig von der Sollbahn und -geschwindigkeit können große bleibende Bahnfehler bei spurungebundener Führung auftreten. Wird ein PI-Lageregler eingesetzt, so kann zwar die Bahngenauigkeit erhöht werden, jedoch wird gleichzeitig die Dynamik und die Stabilität des Regelkreises verschlechtert. Mit Hilfe einer Zustandsregelung kann sowohl die Bahngenauigkeit als auch die Dynamik in den einzelnen Bewegungsachsen erhöht werden /30/, /44/,/45/,/46/. In Tabelle 4.1 sind unterschiedliche Zustandsreglerstrukturen für elastisch gekoppelte Antriebseinheiten dargestellt. Einen guten Kompromiß zwischen erforderlichem Entwurfsaufwand und erreichbarer Bahngenauigkeit und Dynamik ist bei einem Z-Regler 4. Ordnung mit Momentenschnittstelle gegeben (siehe auch /30/). Eine Z-Regelung macht jedoch nur Sinn, wenn hochdynamische Antriebe eingesetzt werden, die eine Bedämpfung der mechanischen Elastizitäten erlauben. Hochdynamische Antriebe sind teuer und erlauben hohe Spitzenmomente, die sich wiederum nicht auf den Boden übertragen lassen (Gefahr: Durchdrehen der Räder).

Prädiktive Regelverfahren hingegen erfordern keine hohe Antriebsdynamik. Allein durch eine Berücksichtigung zukünftiger Bahnsollwerte bei der Bestimmung der aktuellen Stellgröße und einer Vorhersage (Prädiktion) der zugehörigen zukünftigen Bahnistwerte mit Hilfe eines linearen Prozeßmodells lassen sich hohe Bahngenauigkeiten erzielen. Somit lassen derartige Regelverfahren auch ohne Verwendung der mathematisch aufwendigen Vorwärtstransformationen (siehe Abschnitt 3.2) nur geringe Bahnabweichungen bei der spurungebundenen Führung selbststeuernder Transportfahrzeuge erwarten. Da es sich bei prädiktiven Regelverfahren um aus der Anschauung abgeleitete und von der Prozeß-

	Regler-ordnung	Steuer-größe	Zustands-größen	Unterlagerte Regelungen	Vernach-lässigungen
Digitaler z-Regler mit Spannungs-schnittstelle	5	Anker-spannung	x_1, x_2, x_3 x_4, x_5	/	/
Digitaler z-Regler mit Strom- bzw. Momentenschnitt-stelle	5	Motor-strom	x_1, x_2, x_3 x_4, x_5	analoger PI-Strom-regler	EMK
	4	Motor-moment	x_1, x_2, x_3 x_4	analoger PI-Strom-regler	EMK und Ersatzzeit-konstante des Strom-regelkreises
	2	Beschleuni-gungsmo-ment der Mechanik	x_1, x_2	analoger PI-Strom-regler	Motordyna-mik und Ge-triebeelasti-zität
Digitaler z-Regler mit Drehzahl-schnittstelle	5	Motor-drehzahl	x_1, x_2, x_3 x_4, x_5	analoge PI-Drehzahl-regelung (+analoge PI-Strom-regelung)	/
	3	Motor-drehzahl	x_1, x_2, x_3	analoge PI-Drehzahl-regelung (+analoge PI-Strom-regelung)	Motor-dynamik
Digitaler z-Regler für Motor und Mechanik	5 (2+3)	Motor-drehzahl	x_1, x_2, x_3 x_4, x_5	analoge PI-Strom-regelung	Auf die Motorwelle wirkendes Lastmoment

Tabelle 4.1: Unterschiedliche Strukturen von Zustandsreglern für elastisch gekoppelte Antriebseinheiten (x_1: Achswinkel, x_2: Achswinkelgeschwindigkeit, x_3: Achswinkelbeschleunigung oder Motorbeschleunigung, x_4: Motordrehzahl und x_5: Motorbeschleunigung oder Motorstrom)

umgebung abhängige Ansätze handelt, werden zunächst die unterschiedlichen Verfahren diskutiert und hinsichtlich ihrer Tauglichkeit zur Regelung elastisch gekoppelter Lenk- und Fahrantriebe beurteilt. Darauf aufbauend wird ein neuer, im Rahmen der vorliegenden Arbeit entwickelter Regelalgorithmus, im weiteren als Dynamic System Matrix Control (DSMC) bezeichnet, vorgestellt.

4.2.1 Prädiktive Regelverfahren

Ende der 70er Jahre wurden eine Reihe sogenannter prädiktiver Regelverfahren für lineare, zeitinvariante Eingrößensysteme entworfen, die in der Literatur unter den Begriffen

* Predictive Control (PC) /47/,
* Model Predictive Heuristic Control (MPHC) /48/,
* Model Algorithmic Control (MAC) /49/,
* Extrapolierender Digitalregler /50/,
* Dynamic Matrix Control (DMC) /51/ sowie
* Internal Model Control (IMC) /52/

vorgestellt werden. In jüngeren Jahren kam noch der Generalized Predictive Control (GPC) /53/, der verallgemeinerte DMC /54/ und der Functional Predictive Control /55/ hinzu.

Ausgangspunkt der meisten Verfahren ist zunächst die Grundidee, den Reglerentwurf direkt auf Grundlage experimentell gewonnener, nichtparametrischer Streckenmodelle (Impuls- und Sprungantworten) durchzuführen. Dadurch werden aufwendige Struktur- und Parameteridentifikationen hinfällig, was sich insbesondere bei mathematisch nicht beschreibbaren, verfahrenstechnischen Prozessen als sehr vorteilhaft erweist. Die Impuls- oder Sprungantwortelemente dienen dabei zudem der On-line-Prädiktion, d.h. der zu jedem Abtastzeitpunkt erforderlichen Vorhersage zukünftiger Prozeßausgangsgrößen. Die bei der Prädiktion verwendeten Algorithmen variieren in Abhängigkeit der jeweiligen Ein-/Ausgangsmodelle.

Da die abgetasteten Werte der Sprung- bzw. Impulsantwort ineinander umgerechnet werden können, ist es unerheblich, welche Systemantwortelemente dem Reglerentwurf und der Prädiktion des zukünftigen Bahnverlaufs zu Grunde liegen. Die Verwendung nicht-parametrischer Modelle bringt jedoch zwei entscheidende Nachteile mit sich:

* Die experimentelle Bestimmung der Antwortelemente weist stets Meßungenauigkeiten auf. Zudem läßt sich ein Eingangsimpuls nur näherungsweise realisieren.
* Die On-line-Rechenzeiten für die Prädiktion der zukünftigen Istwerte sind enorm hoch und übersteigen die Leistungsfähigkeit derzeitige Rechnersysteme zur Antriebsregelung.

Um Modellfehler auf Grund von Meßungenauigkeiten zu umgehen, wird in /52/ vorgeschlagen, die Antwortelemente mit Hilfe einfacher mathematischer Modelle zu ermitteln. Mit Hilfe eines derartigen Vorgehens wurden bereits gute Ergebnisse bei der Regelung von Roboterachsen erzielt /56/,/57/. Ein vergleichbares Verfahren ist auch für das sensorunterstützte Programmieren von Industrierobotern bekannt /58/.

Lediglich die in /53/ vorgeschlagene GPC-Regelung basiert sowohl beim Reglerentwurf als auch bei der Prädiktion auf einem parametrischen Streckenmodell, der Z-Übertragungsfunktion, die sich wiederum in Form einer Reihenentwicklung der Impulsantwortelemente darstellen läßt. In /53/ wird auch die Möglichkeit einer Modellbeschreibung basierend auf Zustandsgleichungen erwähnt und Analogien aufgezeigt, jedoch sind systematische Untersuchungen dieser Beschreibungsform in Verbindung mit prädiktiven Regelverfahren nicht bekannt.

Der erforderlichen On-line-Rechenzeit wurde bisher nur wenig Beachtung geschenkt, da verfahrenstechnische Prozesse in der Regel große Zeitkonstanten aufweisen und damit zeitunkritisch sind. Lediglich der Predictive Functional Control /55/ versucht den Zeitanforderungen, wie sie bei elastisch gekoppelten Antrieben vorliegen, gerecht zu werden. Dies erfolgt jedoch auf Kosten einer für den Anwender weniger übersichtlichen Entwurfsprozedur.

Ein deutlich übersichtlicheres Entwurfsverfahren verwendet der verallgemeinerte DMC /54/. Wichtigste Entwurfsparameter sind hierbei die Optimierungshorizontlänge M und die Steuerhorizontlänge N, mit Hilfe derer sich eine optimale Steuerfolge gemäß der folgenden quadratischen Gütefunktion bestimmen läßt:

$$J = \sum_{i=1}^{M} q_i(w(k+i) - \tilde{y}(k+i))^2 + \sum_{j=1}^{N} r_j \Delta u^2(k+j-1) \overset{!}{=} \text{Min} \qquad (4.4)$$

mit

M ... Optimierungshorizontlänge

N ... Steuerhorizontlänge

Q = diag $(q_1, q_2, \ldots q_M) > 0$ (MxM) - Fehlergewichtungsmatrix

R = diag $(r_1, r_2, \ldots r_N) > 0$ (NxN) - Steuergewichtungsmatrix

$$\underline{\Delta u}(k) = \begin{bmatrix} \Delta u(k) \\ \Delta u(k+1) \\ . \\ . \\ \Delta u(k+N-1) \end{bmatrix}$$

.. (Nx1) - Vektor der zukünftigen Steuergrößenänderungen

$$\underline{w}(k) = \begin{bmatrix} w(k+1) \\ w(k+2) \\ . \\ . \\ w(k+M) \end{bmatrix}$$

.. (Mx1) - Vektor der zukünftigen Bahnsollwerte

$$\underline{\tilde{y}}(k) = \begin{bmatrix} \tilde{y}(k+1) \\ \tilde{y}(k+2) \\ . \\ . \\ \tilde{y}(k+M) \end{bmatrix}$$

.. (Mx1) - Vektor der prädizierten Ausgangsgrößen

Die Fehlergewichtungsmatrix Q und Steuergewichtungsmatrix R spielen beim Entwurf eine untergeordnete Rolle (siehe auch Abschnitt 4.2.3). Da die aktuelle Ausgangsgröße y(k) durch die Stellgröße u(k) nicht mehr beeinflußt werden kann, wird sie im Gütekriterium (4.4) nicht berücksichtigt. Es entsteht eine um eins verschiedene Zeitindizierung der beiden Summanden der Gütefunktion. In Bild 4.5 ist die Struktur dieses prädiktiven Regelverfahrens dargestellt. Die Reglerkoeffizienten d_i werden dabei einmalig in einem Off-line-Entwurf bestimmt.

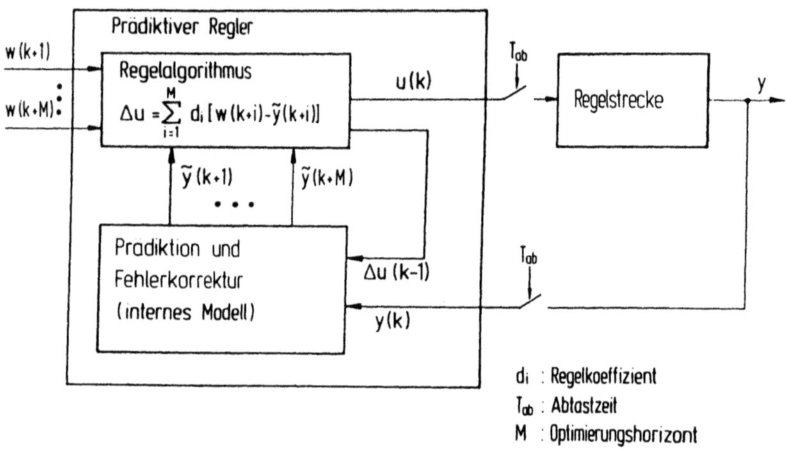

Bild 4.5: Struktur einer prädiktiven Regelung basierend auf dem DMC-Algorithmus nach /52/ (d_i: Regelkoeffizient, T_{ab}: Abtastzeit)

Im Unterschied zu den anderen prädiktiven Regelverfahren werden beim DMC die zukünftigen Bahnsollwerte direkt ins Gütekriterium eingesetzt. Der Verwendung einer Referenztrajektorie, die einem Eingangsfilter entspricht, und der Sollwertglättung sowie der Erhöhung der Robustheit dient /53/, /54/, entfällt bei diesem prädiktiven Regelverfahren. Auf Grund der nicht-parametrischen Modellbeschreibung ist jedoch noch immer ein hoher On-line-Rechenaufwand erforderlich. Zum zweiten kann die verwendete Fehlerkorrektur auf Basis gemessener Sprungantwortelemente bei der Prädiktion zukünftiger Bahnistwerte zu instabilem Regelverhalten führen. Daher ist ein praktischer Einsatz dieses Regelverfahrens bei elastisch gekoppelten Antrieben wenig erfolgversprechend. Im Unterschied zum verallgemeinerten DMC verwendet der im folgenden hergeleitete DSMC eine parametrische Modellbeschreibung sowohl für den Reglerentwurf als auch für die Prädiktion zukünftiger Bahnistwerte. Dadurch wird eine drastische Reduzierung der On-line-Rechenzeiten bei stabilem Regelverhalten erreicht.

4.2.2 Der Regelalgorithmus des Dynamic System Matrix Control (DSMC)

Gegeben sei ein parametrisches Streckenmodell in Form einer kontinuierlichen Zustandsbeschreibung. D.h. das dynamische Modell einer zu regelnden Strecke n-ter Ordnung liege in Form einer Zustandsmatrix A_K und eines Steuervektors $\underline{b}_K$ vor:

$$\frac{d\underline{x}}{dt} = A_k \, \underline{x} + \underline{b}_k \, u \quad \text{Zustandsdifferentialgleichung} \qquad (4.5)$$

$$y = \underline{c}^T \, \underline{x} \quad \text{Ausgangsgleichung}$$

Hierbei wird davon ausgegangen, daß lediglich eine Ausgangsgröße gemessen wird. Für kontinuierliche Systeme mit Abtaster und Halteglied kann die diskrete Zustandsgleichung aus der Zustandsbeschreibung des kontinuierlichen Systems gewonnen werden (siehe z.B. /59/).

Man erhält folgendes Gleichungssystem

$$\underline{x}(k+1) = A \, \underline{x}(k) + \underline{b} \, u(k) \quad \text{Zustandsdifferenzengleichung} \qquad (4.6)$$

$$y(k) = \underline{c}^T \, \underline{x}(k)$$

mit

$$A = \Phi(T) = e^{A_k T} = \sum_{i=0}^{\infty} \frac{(A_k T)^i}{i!} \qquad (4.7)$$

$$\underline{b} = \int_0^T e^{A_k \upsilon}\, \underline{b}_k\, d\upsilon = \sum_{i=0}^{\infty} \frac{(A_k T)^i}{(i+1)!}\, T\, \underline{b}_k \qquad (4.8)$$

Führt man die Steuergröße u zum Zeitpunkt t = (k-1)T als neue Zustandsgröße ein, so ergibt sich folgendes modifiziertes Gleichungssystem zur Beschreibung der Regelstrecke:

$$\begin{aligned} \underline{\tilde{x}}(k+1) &= \tilde{A}\, \underline{\tilde{x}}(k) + \underline{\tilde{b}}\, \Delta u(k) \\ y(k) &= \underline{\tilde{c}}^T\, \underline{\tilde{x}}(k) \end{aligned} \qquad (4.9)$$

mit

$$\underline{\tilde{x}} = \begin{bmatrix} \underline{x}(k) \\ u(k-1) \end{bmatrix} \qquad \ldots\ ((n+1)x1)\text{-Zustandsvektor}$$

$$\tilde{A} = \begin{bmatrix} A & \underline{b} \\ 0 & 1 \end{bmatrix} \qquad \ldots\ ((n+1)x(n+1))\text{-Systemmatrix}$$

$$\underline{\tilde{b}} = \begin{bmatrix} \underline{b} \\ 1 \end{bmatrix} \qquad \ldots\ ((n+1)x1)\text{-Steuervektor}$$

$$\underline{\tilde{c}}^T = (\underline{c}^T\ 0) \qquad \ldots\ (1x(n+1))\text{-Meßvektor}$$

Das Optimierungskriterium für den DSMC-Algorithmus verlangt, daß zu jedem Zeitpunkt t=kT für die nachfolgenden N Zeitpunkte die jeweiligen Zuwächse der Steuergröße u so bestimmt werden, daß das quadratische Gütemaß

$$J = \underline{e}^T Q\, \underline{e} + \Delta\underline{u}^T R\, \Delta\underline{u}$$

bzw.

$$J = \sum_{i=1}^{M} q_i (w(k+i) - y(k+i))^2 + \sum_{j=1}^{N} r_j \Delta u^2(k+j-1) \qquad (4.10)$$

zu einem Minimum wird. Dieses Gütekriterium entspricht dem Kriterium des verallgemeinerten DMC /54/(siehe auch Gln. 4.4).

Dabei ist

$$\underline{e}(k) = \begin{bmatrix} w(k+1)-y(k+1) \\ w(k+2)-y(k+2) \\ . \\ . \\ w(k+M)-y(k+M) \end{bmatrix} \qquad \ldots (Mx1)\text{-Fehlervektor.}$$

Die weiteren in Gleichung (4.10) verwendeten Variablen und Parameter wurden bereits in Abschnitt 4.2.1 erläutert. Das Regelgesetz läßt sich nun aus der Zustandsdifferenzengleichung (4.9) herleiten.

$$y(k+1) = \underline{\tilde{c}}^T \, \tilde{x}(k+1) = \underline{\tilde{c}}^T \, \tilde{A} \, \tilde{x}(k) + \underline{\tilde{c}}^T \, \tilde{b} \, \Delta u(k)$$

$$\begin{aligned} y(k+2) = \underline{\tilde{c}}^T \, \tilde{x}(k+2) &= \underline{\tilde{c}}^T \, \tilde{A} \, \tilde{x}(k+1) + \underline{\tilde{c}}^T \, \tilde{b} \, \Delta u(k+1) \\ &= \underline{\tilde{c}}^T \, \tilde{A}^2 \, \tilde{x}(k) + \underline{\tilde{c}}^T \, \tilde{A} \, \underline{\tilde{b}} \, \Delta u(k) + \underline{\tilde{c}}^T \, \tilde{b} \, \Delta u(k+1) \end{aligned}$$

$$.$$

$$.$$

$$y(k+M) = \underline{\tilde{c}}^T \, \tilde{A}^M \, \tilde{x}(k) + \underline{\tilde{c}}^T \, \tilde{A}^{M-1} \, \underline{\tilde{b}} \, \Delta u(k) + \ldots + \underline{\tilde{c}}^T \, \tilde{A}^{M-N} \, \underline{\tilde{b}} \, \Delta u(k+N-1)$$

Dabei wird davon ausgegangen, daß sich der Vektor der prädizierten Ausgangsgrößen $\underline{y}(k)$ aus N (Steuergrößenhorizontlänge) Steuergrößenänderungen ergibt. Der Fehlervektor $\underline{e}(k)$ läßt sich somit in der folgenden Form darstellen:

$$\underline{e}(k) = \underline{w}(k) - G^* \underline{\tilde{x}}(k) - A^* \Delta \underline{u}(k) \qquad (4.11)$$

mit

$$G^* = \begin{bmatrix} \underline{\tilde{c}}^T \tilde{A} \\ . \\ . \\ \underline{\tilde{c}}^T \tilde{A}^M \end{bmatrix} = \begin{bmatrix} g_{1,1} & \cdot\cdot & g_{1,n+1} \\ . & & \\ . & & \\ g_{M,1} & \cdot\cdot & g_{M,n+1} \end{bmatrix} \qquad \ldots \; (Mx(n+1))\text{-Rückführungsmatrix}$$

und

$$A^* = \begin{bmatrix} \underline{\tilde{c}}^T\underline{\tilde{b}} & 0 & .. & 0 \\ \underline{\tilde{c}}^T\tilde{A}\underline{\tilde{b}} & \underline{\tilde{c}}^T\underline{\tilde{b}} & .. & 0 \\ . & . & & . \\ \underline{\tilde{c}}^T\tilde{A}^{M-1}\underline{\tilde{b}} & \underline{\tilde{c}}^T\tilde{A}^{M-2}\underline{\tilde{b}} & .. & \underline{\tilde{c}}^T\tilde{A}^{M-N}\underline{\tilde{b}} \end{bmatrix} \quad \text{...(MxN)-Dynamic-System-Matrix}$$

Einsetzen des Fehlervektors $\underline{e}(k)$ in das Gütekriterium (4.10) ergibt:

$$\begin{aligned} J(\underline{\tilde{x}},\Delta\underline{u}) &= [\underline{w}(k)-G^*\underline{\tilde{x}}(k)-A^*\Delta u(k)]^TQ[w(k)-G^*\underline{\tilde{x}}(k)-A^*\Delta u(k)] + \Delta\underline{u}(k)^TR\Delta\underline{u}(k) \\ &= [\underline{w}(k)-G^*\underline{\tilde{x}}(k)]^TQ[\underline{w}(k)-G^*\underline{\tilde{x}}(k)] - 2[\underline{w}(k)-G^*\underline{\tilde{x}}(k)]^TQA^*\Delta\underline{u}(k) \\ &\quad + \Delta\underline{u}(k)^T[A^{*T}QA^*+R]\Delta\underline{u}(k) \end{aligned}$$

Die vektorielle Ableitung nach $\Delta\underline{u}$ ergibt unter Beachtung, daß Q und $(A^{*T}QA^*+R)$ symmetrische MxM-Matritzen sind:

$$\nabla J = -\,2\,A^{*T}Q[\underline{w}(k)-G^*\underline{\tilde{x}}(k)] + 2\,[A^{*T}QA^*+R]\Delta\underline{u}(k)$$

Setzt man die vektorielle Ableitung ∇J gleich Null, so ergibt sich das optimale Regelgesetz zu

$$\Delta\underline{\overset{o}{u}}(k) = [A^{*T}QA^*+R]^{-1}A^{*T}Q[\underline{w}(k) - G^*\underline{\tilde{x}}(k)] \qquad (4.12)$$

Betrachtet man die zu jedem Zeitpunkt erforderliche aktuelle Steuergröße, so ergibt sich das vereinfachte optimale Regelgesetz folgendermaßen:

$$\Delta\overset{o}{u}(k) = (1\ 0\ \dots\ 0)\Delta\underline{\overset{o}{u}}(k) = \underline{d}^T[\underline{w}(k) - G^*\underline{\tilde{x}}(k)] \qquad (4.13)$$

wobei für $\underline{d}^T$ gilt:

$$\underline{d}^T = (d_1,\ d_2,\ \dots,\ d_M) = (1\ 0\ \dots\ 0)(A^{*T}QA^*+R)^{-1}A^{*T}Q \qquad (4.14)$$

Die Reglerkoeffizienten d_i müssen einmal in einem Off-line-Entwurf bestimmt werden.

Das Regelgesetz des DSMC-Algorithmus (Gln. 4.12) entspricht dem Regelgesetz des verallgemeinerten DMC. Mit Hilfe von Markov-Parametern läßt sich die Dynamic-System Matrix A^* in die Dynamik-Matrix A des verallgemeinerten DMC überführen (siehe auch /54/). Nach /54/ gilt:

$$A^* = \begin{bmatrix} a_1 & 0 & 0 \dots 0 \\ a_2 & a_1 & 0 \quad 0 \\ \cdot & & \\ \cdot & & \\ a_M & a_{M-1} & \dots a_{M-N} \end{bmatrix} \qquad \dots \text{ Dynamik-Matrix A}$$

wobei $\underline{a}^T = (a_1, \dots a_p)$ der Vektor der P (Modellhorizontlänge) Sprungantwortelemente darstellt. Weiterhin läßt sich zeigen, daß es sich bei den im Regelgesetz (Gln. 4.12) zurückgeführten Werten $y = G^*\underline{\tilde{x}}$, um die Ausgangsgrößen bei über dem Optimierungshorizont konstanten Stellgrößen $u = u(k-1)$ handelt. D.h. das Regelgesetz des DSMC ist von der inneren Struktur her genau dasselbe wie beim verallgemeinerten DMC-Algorithmus.

Unterschiede entstehen bei der Prädiktion der zukünftigen und damit nicht meßbaren Ausgangsgrößen $\underline{y}(k)$. Hierzu wird beim DSMC ein Parallelmodell verwendet, um die aktuellen Zustandsgrößen $\underline{\tilde{x}}(k)$ und die aktuelle Ausgangsgröße $y(k)$ zu beobachten:

$$\hat{\underline{\tilde{x}}}(k) = \tilde{A}\,\hat{\underline{\tilde{x}}}(k-1) + \hat{\underline{\tilde{b}}}\,\Delta\hat{u}(k-1) \tag{4.15}$$

$$\hat{y}(k) = \underline{\tilde{c}}^T\,\hat{\underline{\tilde{x}}}(k)$$

Im Unterschied zum verallgemeinerten DMC ist daher intergrales Übertragungsverhalten der Regelstrecke zulässig. Um die zukünftigen Ausgangsgrößen zu bestimmen, wird folgender Beobachteransatz zur Fehlerkorrektur gewählt:

$$\underline{\tilde{y}}(k) = G^{*}\hat{\underline{\tilde{x}}}(k) + \underline{h}\,\underbrace{(y(k) - \hat{y}(k))}_{y^{*}(k)} \tag{4.16}$$

mit

$$\underline{h}^{T} = (h_1, h_2 \ldots h_M) \quad \ldots \text{ Beobachterrückführungsvektor.}$$

Hierbei stellt $y^{*}(k)$ den Beobachterfehler zum Zeitpunkt $t = kT$ dar. Dabei wird davon ausgegangen, daß lediglich die Ausgangsgröße $y(k)$ gemessen wird. Das realisierbare Regelgesetz lautet demzufolge:

$$\Delta\mathring{u}(k) = d^{T}(\underline{w}(k) - (G^{*}\hat{\underline{\tilde{x}}}(k) + \underline{h}\; y^{*}(k)) \tag{4.17}$$

Es ergibt sich damit die folgende On-line-Rechenprozedur in jedem Abtastschritt t_k:

-> Einlesen der Ausgangsgröße $y(k)$

-> Bestimmung des Beobachterfehlers $y^{*}(k)$

-> Bestimmung der optimalen Stellgröße nach Gln. (4.17)

-> Ausgabe der optimalen Stellgröße $\mathring{u}(k)$

-> Bestimmung der zukünftigen Ausgangsgrößen mittels des Prozeßmodells (Gln. 4.15)

In Bild 4.6 ist der Signalfluß der DSMC-Regelung dargestellt. Durch die Prädiktion der zukünftigen Ausgangsgrößen zum jeweils vorangegangenen Abtastschritt kann die stets vorhandene Rechentotzeit gesenkt werden, was sich positiv auf die Güte des Prozeßmodells und damit der Prädiktion auswirkt.

Der Beobachterrückführungsvektor muß so gewählt werden, daß der Rekonstruktionsfehler

$$y^{*}(k) = y(k) - \hat{y}(k)$$

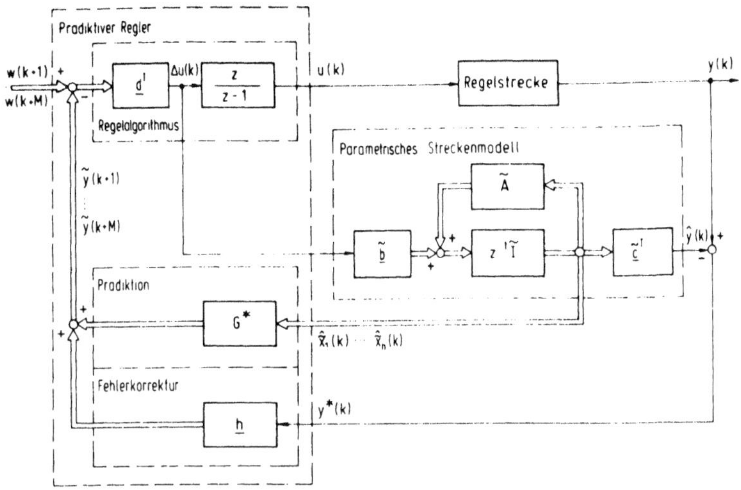

<u>Bild 4.6:</u> Signalflußplan der DSMC-Regelung

asymptotisch gegen Null konvergiert.

Im Unterschied zum verallgemeinerten DMC wird beim DSMC die Vorhersage (Prädiktion) der zukünftigen Ausgangsgrößen mit Hilfe des Produktes aus beobachteten aktuellen Zustandsgrößen und der Rückführungsmatrix G^* sowie einer gewichteten Addition des Beobachterfehlers durchgeführt. Für Systeme niederer Ordnung läßt sich dadurch der On-line-Rechenaufwand teilweise drastisch (Faktor 10) reduzieren.

Um den DSMC bei elastisch gekoppelten Antrieben einsetzen zu können, ist eine Entwurfsstrategie für die Wahl der direkten Regelparameter zu erarbeiten. Am Beispiel eines idealen Antriebssystems 3.Ordnung werden im folgenden die Auswirkungen der direkten Regelparameter auf das Bahnverhalten auch unter Berücksichtigung von Modellungenauigkeiten dargestellt.

4.2.3 DSMC-Lageregelung für ein Antriebssystem 3. Ordnung

Im Bild 4.7 ist das Blockschaltbild einer normierten Regelstrecke 3.Ordnung dargestellt. Unter zwei verschiedenen Voraussetzungen läßt

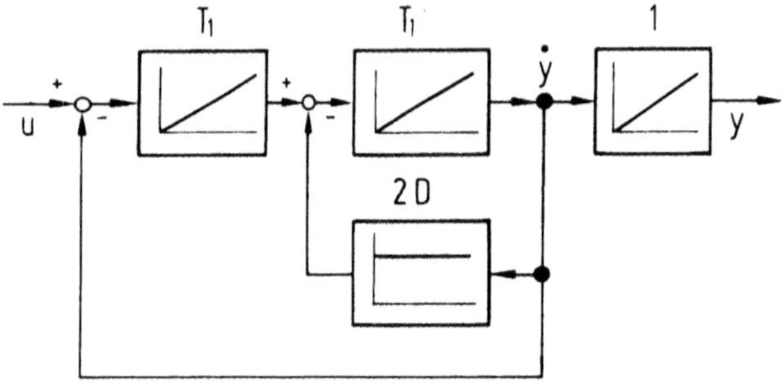

Bild 4.7: Blockschaltbild eines drehzahlgeregelten Antriebssystems 3. Ordnung (u: Eingangsgröße $\hat{=}$ Drehzahlsollwert, y: Ausgangsgröße $\hat{=}$ Lageistwert, T_1: mechanische Zeitkonstante, D: Dämpfungskonstante)

sich mit Hilfe einer derartigen Modellstruktur das Übertragungsverhalten eines Antriebssystems hinreichend genau beschreiben:

* Die mechanischen Übertragungselemente können als ideal steif angenommen werden, und es liegt ein PI-drehzahlgeregelter Antrieb vor /60/.

* Die Dynamik des PI-drehzahlgeregelten Antriebs kann gegenüber der mechanischen Zeitkonstante vernachlässigt werden, und es dominiert eine geschwindigkeitsproportionale mechanische Dämpfung. Derartige Voraussetzungen sind bei elastisch gekoppelten Lenkantrieben herkömmlicher fahrerloser Transportfahrzeuge vorzufinden /30/.

Am Beispiel des derart vereinfachten Modells eines elastischen Lenkantriebs wird im folgenden die prinzipielle Wirkungsweise der DSMC-Lageregelung verdeutlicht. Als Nominalsystem dient dabei eine Regelstrecke mit einer Streckendämpfung von D = 0,7 und einer mechanischen Zeitkonstante von T_1 = 35ms (siehe auch /30/). Unter der Voraussetzung überschwingfreien Positionierens läßt sich hierfür bei konventioneller digitaler P-Lageregelung und hinreichend kleiner Abtastzeit eine maximale Geschwindigkeitsverstärkung von $K_{v,max}$=7,5 1/s realisieren /60/. In Bild 4.8 ist das Führungsverhalten und der Stellgrößenverlauf eines

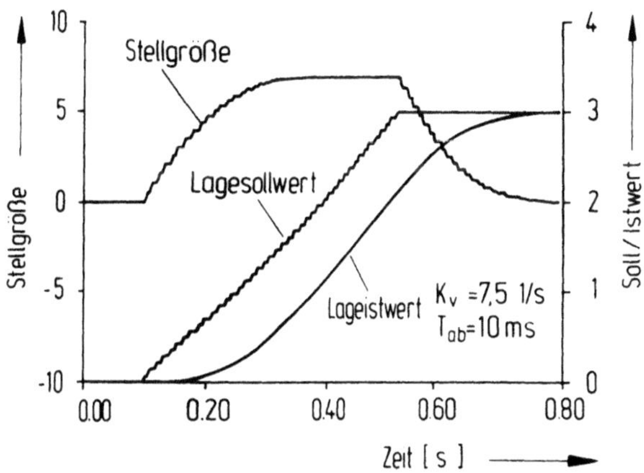

Bild 4.8: Konventionell P-lageregeltes Antriebssystem 3.Ordnung (Nominalsystem) bei maximal möglicher Geschwindigkeitsverstärkung

optimal P-lagegeregelten Antriebsregelkreises 3.Ordnung bei sprungförmigem Sollgeschwindigkeitsverlauf und einer Abtastzeit von T_{ab} = 10ms dargestellt. Zum Vergleich ist in Bild 4.9 das Führungsverhalten und der Stellgrößenverlauf der prädiktiv DSMC-lageregelten Strecke bei gleichem Sollbahnverlauf und gleicher Abtastzeit dargestellt. Die frei wählbaren direkten Entwurfsparameter des Dynamic System Matrix Control betragen hierbei:

Optimierungshorizontlänge	M = 4
Steuerhorizontlänge	N = 2
Fehlergewichtungsmatrix	Q = I
Steuergewichtungsmatrix	R = 0
Beobachterkoeffizienten	h_i = 1.

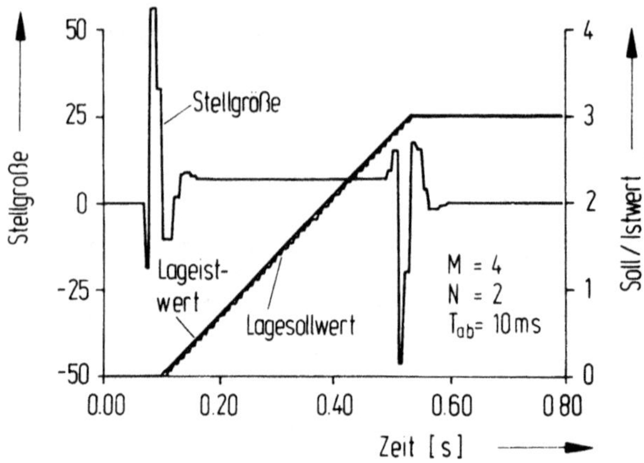

Bild 4.9: Prädiktiv DSMC-lagegeregeltes Antriebsystem 3.Ordnung (Nominalsystem) bei einem Optimierungshorizont von t_m = 40ms und einem Steuerhorizont von t_n = 20ms

Da die Fehlergewichtungsmatrix, die Steuergewichtungsmatrix und die Beobachterkoffizienten nur eine untergeordnete Rolle spielen, bleiben sie in den folgenden Simulationen unverändert. Mit Hilfe der direkten Entwurfsparameter wurden die eigentlichen Reglerkoeffizienten d_i entsprechend der Gln. (4.14) in einem Off-line-Entwurf bestimmt.
Im Unterschied zur P-Lageregelung tritt bei der DSMC-Lageregelung keine stationäre Regelabweichung auf, d.h. der Istwert folgt dem Sollwert ohne Zeitverzögerung. Lediglich bei Unstetigkeiten im Sollbahnverlauf treten Bahnabweichungen bedingt durch die begrenzte Streckendynamik auf. Aus dem Stellgrößenverlauf in Bild 4.9 wird deutlich, daß Sollwertänderungen im voraus erkannt werden (entsprechend des Optimie-

rungshorizontes t_m) und sofort zu entsprechenden Stellgrößenänderungen führen. Dadurch kann jedoch ein Unterschwingen des Lageistwertes beim Anfahren auftreten (siehe Stellgrößenverlauf in Bild 4.9). Ein derartiges Verhalten läßt sich durch Vermindern der Steuerhorizontlänge auf N = 1 vermeiden, jedoch kommt es dabei grundsätzlich zu einem Voreilen des Lageistwertes beim Anfahren (siehe Bild 4.10). Ist auch ein derartiges Verhalten unerwünscht, so kann nur durch Begrenzung der Sollbeschleunigung (Vorgabe eines Slopes) entsprechend der jeweiligen Streckendynamik ein ideales Bahnverhalten erreicht werden. Auf Grund stets vorhandener Modellungenauigkeiten ist ein derartiges Bahnverhalten am realen System nur annäherungsweise erreichbar (siehe Abschnitt 4.2.4).

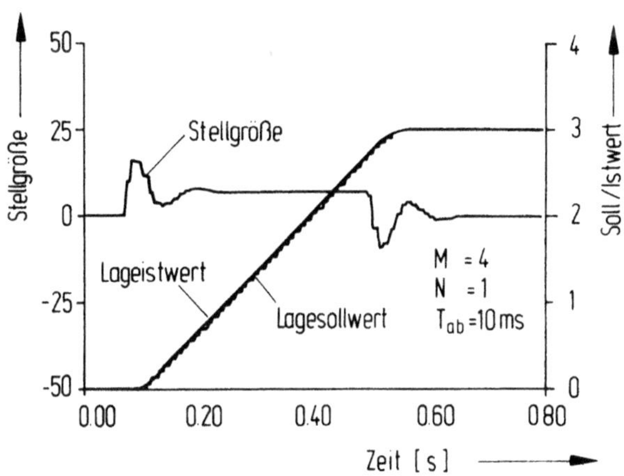

Bild 4.10: Prädiktiv DSMC-lagegeregeltes Antriebssystem 3.Ordnung (Nominalsystem) bei einer Steuerhorizontlänge von N=1

Vergleicht man die konventionell und die DSMC-lagegeregelte Strecke (Bilder 4.8 und 4.9), so wird deutlich, daß die DSMC-Regelung zu sehr hohen Stellgrößen führen kann. Erhöht man nun den Optimierungshorizont t_m, so führt dies zu einem deutlich geringerem Stellgrößenbedarf, jedoch unter Inkaufnahme größerer Bahnabweichungen bei sprungförmigen

Geschwindigkeitsänderungen (siehe Bild 4.11). Gleichzeitig wird auch der On-line-Rechenaufwand entsprechend größer. Hier muß beim Reglerentwurf ein Kompromiß gefunden werden.

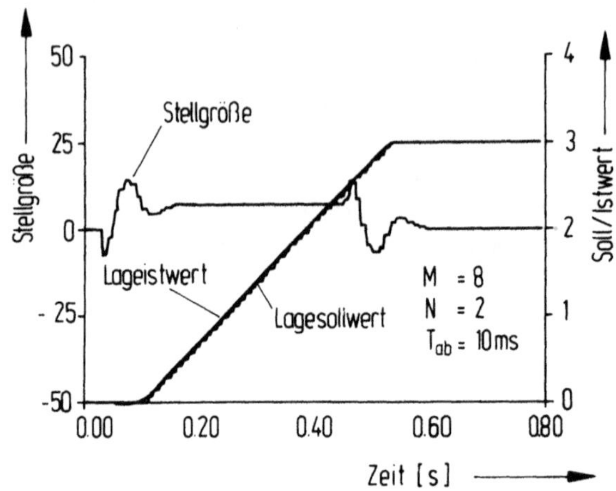

Bild 4.11: Prädiktiv DSMC-lagegeregeltes Antriebssystem 3.Ordnung (Nominalsystem) bei einem Optimierungshorizont von t_m = 80ms.

4.2.4 Entwurf der direkten Regelparameter unter Berücksichtigung von Modellungenauigkeiten

Im vorherigen Abschnitt wurde von einem idealen Antriebssystem 3.Ordnung ausgegangen. Ein reales Antriebssystem weist jedoch folgende Modellungenauigkeiten auf:

* Die dem Entwurf zu Grunde liegende Modellstruktur entspricht nicht der tatsächlichen Regelstrecke.

* Die dem Entwurf zu Grunde liegenden konstanten Modellparameter sind ungenau und können sich gegebenenfalls ändern , z.B. in Abhängigkeit des Arbeitspunktes.

* Es treten Stellgrößen- und Zustandsgrößenbegrenzungen sowie Nichtlinearitäten auf, die beim Entwurf der Regelkoeffizienten nicht berücksichtigt werden.

* Es treten unvorhersehbare Störgrößen auf.

Derartige Effekte müssen bei Off-line-Bestimmung der Reglerkoeffizienten (siehe Gln. 4.14) beachtet werden. Hierzu stehen beim Dynamic System Matrix Control (DSMC) die folgenden direkten Entwurfsparameter zur Verfügung:

- Abtastzeit T_{ab},
- Optimierungshorizontlänge M,
- Steuerhorizontlänge N,
- Fehlergewichtungsmatrix Q,
- Steuergewichtungsmatrix R und
- Beobachterrückführung $\underline{h}$.

Aus diesen direkten Entwurfsparametern ergeben sich im Off-line-Entwurf die Regelkoeffizienten d_i, die Rückführungsmatrix G^* sowie die Systemmatrix $\tilde{A}$ und der Steuervektor $\underline{\tilde{b}}$ des Parallelmodells. Wichtigste Entwurfsparameter sind die Abtastzeit T_{ab}, die Optimierungshorizontlänge M und die Steuerhorizontlänge N, da diese Größen maßgeblich

- die Bahngenauigkeit,
- die Stabilität und Robustheit,
- das Störverhalten,
- das dynamische Verhalten der Regelstrecke sowie
- den erforderlichen On-line-Rechenaufwand

beeinflussen.

Am Beispiel der Regelstrecke 3.Ordnung (Nominalsystem) wird zunächst der Einfluß dieser Entwurfsparameter auf das Regelverhalten der DSMC-Lageregelung dargestellt. Dabei wird insbesondere die Robustheit des Regelverfahrens gegenüber Parameterschwankungen (hier: Abweichungen zwischen der Eigenfrequenz ω_0 des Modells und der Eigenfrequenz ω_{St} der Strecke von ± 20%) betrachtet. In Bild 4.12 ist der Einfluß der Steuerhorizontlänge N auf das Regelverhalten bei einer Abtastzeit von T_{ab} = 5ms und einem Optimierungshorizont t_m = 40ms dargestellt.

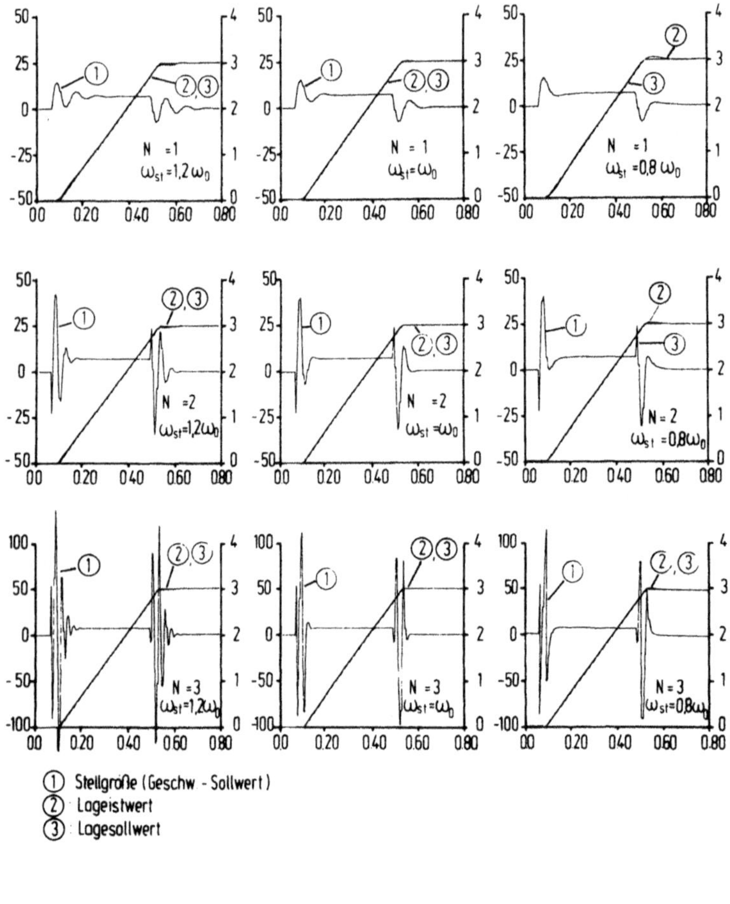

Bild 4.12: Einfluß der Steuerhorizontlänge N auf das Führungsverhalten der DSMC-Lageregelung unter Beachtung von Parameterschwankungen mit T_{ab} = 5ms und M = 8 (Abszisse: Zeit[s], Ordinatenachsen: Stellgröße bzw. Lageist- und Lagesollwert)

Daraus wird ersichtlich, daß die Bahngenauigkeit insbesondere bei $\omega_{St} = 0,8\omega_0$ für große N am besten ist. Dies erfolgt jedoch auf Kosten sehr großer Stellgrößen, die in realen Systemen nicht möglich sind. Ein Steuergrößenhorizont größer drei führt hierbei zu instabilem Verhalten. Auf Grund des ruhigen Stellgrößenverlaufs sollte die Steuerhorizontlänge bei einer Regelstrecke 3.Ordnung zu N=1 gewählt werden.

Möchte man ein Überschwingen bei Positionieren vermeiden, so muß ω_0 stets kleiner als ω_{St} sein. Dies wird auch aus Bild 4.13 ersichtlich. Der On-line-Rechenaufwand wird durch die Wahl der Steuerhorizontlänge N nicht beeinflußt.

In Bild 4.13 ist der Einfluß der Abtastzeit T_{ab} auf das Führungsverhalten der DSMC-Lageregelung bei einem konstanten Optimierungshorizont t_m = 40ms und einer Steuerhorizontlänge von N=1 dargestellt. Daraus wird ersichtlich, daß das Führungsverhalten für

$$T_{ab} < 1/2\ T_1 \tag{4.18}$$

T_1: dominante (mechanische) Zeitkonstante der Strecke

auch bei Parameterschwankungen durch Verkleinern der Abtastzeit kaum verbessert wird. Eine große Abtastzeit führt jedoch zu einem schlechteren Störverhalten, weil die Fehlerkorrektur mit großer Zeitverzögerung einsetzt. Bei kleiner Abtastzeit ist eine hohe Regelgüte mit sowohl gutem Führungs- als auch gutem Störverhalten möglich. Wegen des Rechenaufwandes wird aber die Abtastzeit wie bei den üblichen digitalen Regelungen nach unten begrenzt.
Bei konstantem Optimierungshorizont t_m ist der Rechenaufwand für eine Abtastzeit $T^*_{ab} = T_{ab}/p$ in etwa p^2-mal größer als bei einer Abtastung mit T_{ab}, da

* p-mal häufiger abgetastet wird und damit p-mal mehr Rechenphasen durchlaufen werden, und

* durch die p-fache Vergrößerung der Optimierungshorizontlänge M etwa p-mal mehr "On-line"-Berechnungen erforderlich sind (Aufwand für Parallelmodell bleibt unverändert).

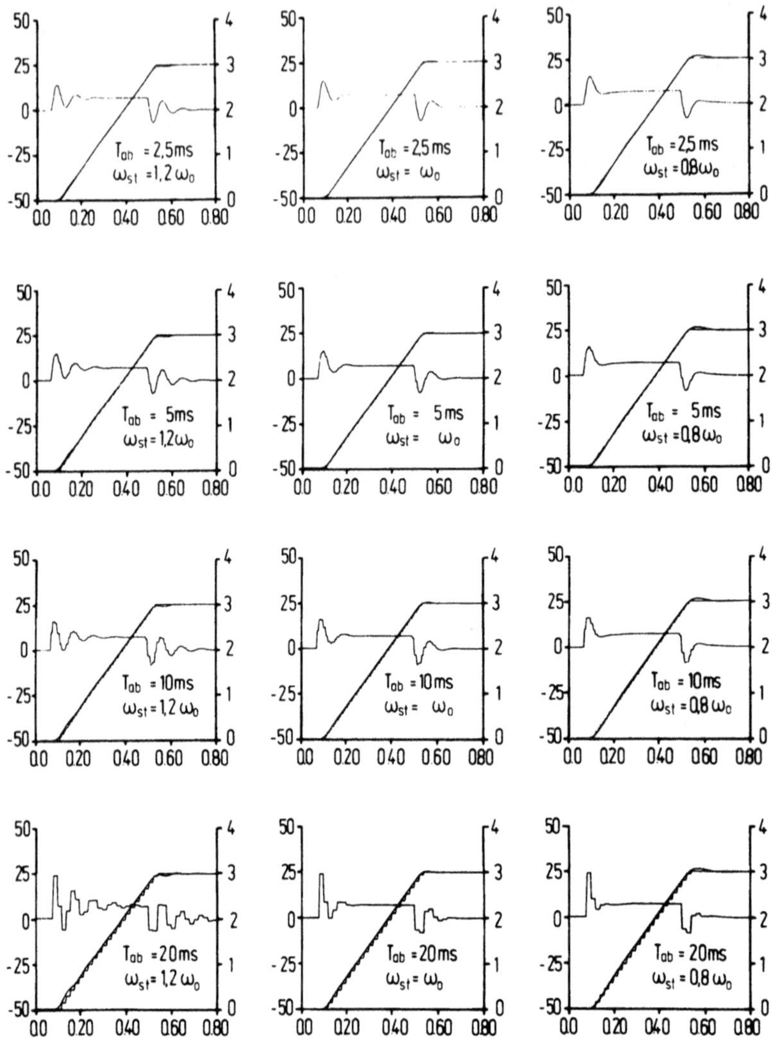

Bild 4.13: Einfluß der Abtastzeit T_{ab} auf das Führungsverhalten der DSMC-Lageregelung unter Beachtung von Parameterschwankungen mit t_m = 40ms und N = 1 (Abszisse: Zeit [s], Ordinatenachsen: Stellgröße bzw. Lageist- und Lagesollwert)

Bei der Wahl der Abtastzeit muß daher ein Kompromiß zwischen gutem Störverhalten und erforderlichem On-line-Rechenaufwand gefunden werden.

Die Optimierungshorizontlänge M ist der wichtigste Parameter beim DSMC-Entwurf. In Bild 4.14 ist der Einfluß der Optimierungshorizontlänge auf das Regelverhalten bei einer konstanten Abtastzeit T_{ab} = 10ms und einer Steuerhorizontlänge von N = 1 dargestellt. Um die dominante Zeitkonstante der Regelstrecke wirkungsvoll beeinflussen zu können, muß für den Optimierungshorizont t_m gelten

$$t_m = M\,T_{ab} \geq T_1. \qquad (4.19)$$

Wird ein kleinerer Optimierungshorizont gewählt, so führt dies zwar zu einem sehr dynamischen Regelverhalten jedoch auf Kosten des Stellgrößenbedarfs und der Stabilität des Regelkreises (siehe Bild 4.14). Umgekehrt verhält es sich bei sehr großen Optimierungshorizonten, wobei auch größere Rechentotzeiten zwischen der Messung von y(k) und der zugehörigen Stellgrößenausgabe entstehen.

Ist auf Grund einer begrenzten Rechenleistung eine Erhöhung des Optimierungshorizontes t_m ausgeschlossen, so kann durch Besetzen der Diagonalelemente r_i=r der Steuergewichtungsmatrix oder durch direkte Begrenzung der Stellgröße eine Reduzierung des Stellgrößenbedarfs erreicht werden (siehe Bild 4.15). Beide Maßnahmen können jedoch zu einer Destabilisierung des Regelkreises führen und sind daher weniger sinnvoll. Auch die Fehlergewichtungsmatrix Q und die Beobachterkoeffizienten h_i sollten beim Entwurf unverändert bleiben:

$$q_i = q = 1 \qquad \text{für } i = 1..M \qquad (4.20)$$
$$r_i = r = 0 \qquad \text{für } i = 1..N \qquad (4.21)$$
$$h_i = 1 \qquad \text{für } i = 1..\ M \qquad (4.22)$$

Aus den bisherigen simulativen Betrachtungen wird die hohe Robustheit des DSMC gegenüber Parameterschwankungen aber auch Stellgrößenbeschränkungen deutlich. Da in realen Regelsystemen stets aus Kostengründen eine begrenzte Rechenleistung vorhanden ist, sollten möglichst

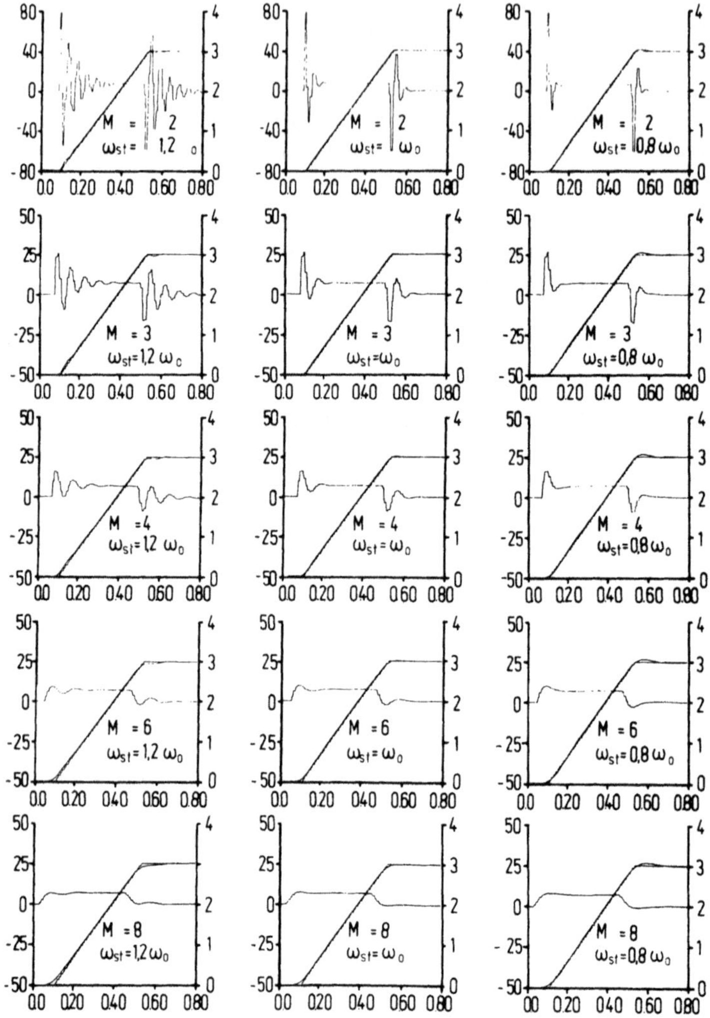

Bild 4.14: Einfluß der Optimierungshorizontlänge M auf das Führungsverhalten der DSMC-Lageregelung unter Beachtung von Parameterschwankungen bei T_{ab} = 10ms und N = 1 (Abszisse: Zeit [s], Ordinatenachsen: Stellgröße bzw. Lageist- und Lagesollwert)

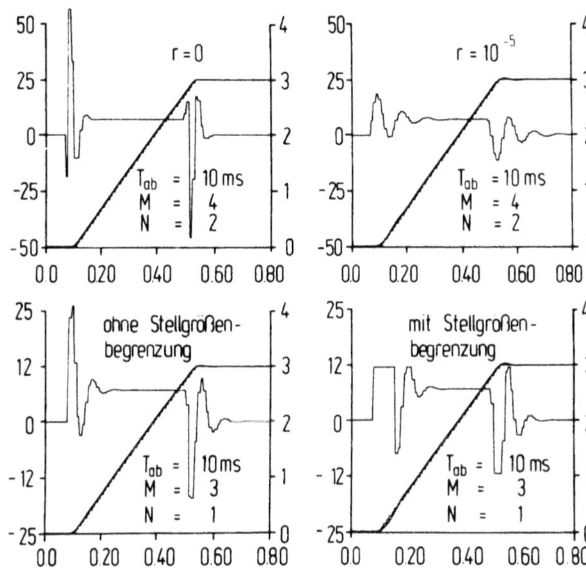

<u>Bild 4.15:</u> Reduzierung des Stellgrößenbedarfs durch Besetzen der Steuergewichtungsmatrix R oder durch direkte Begrenzung der Stellgröße (Abszisse: Zeit [s], Ordinatenachsen: Stellgröße bzw. Lageist- und Lagesollwert)

einfache Modelle der Regelstrecke zur Prädiktion verwendet werden. Im folgenden wird daher die Robustheit der DSMC-Lageregelung hinsichtlich Strukturungenauigkeiten des Parallelmodells dargestellt.

In <u>Bild 4.16</u> sind die Sprungantworten der Motor- und der Lenkwinkelgeschwindigkeit eines PI-drehzahlgeregelten, elastisch gekoppelten Lenkantriebs dargestellt. Durch die Berücksichtigung der Motorträgheit und einer analogen PI-Regelung der Motordrehzahl ergibt sich ein Streckenmodell 5.Ordnung /30/. Möchte man den On-line-Rechenaufwand reduzieren, so ist es denkbar, ein vereinfachtes Parallelmodell 3.Ordnung (siehe <u>Bild 4.7</u>) bei der DSMC-Regelung dieser Strecke zu verwenden.

Aus Bild 4.17 wird deutlich, daß eine derartige Vereinfachung zu einer Destabilisierung des Regelkreises führt, diese jedoch für einen hinreichend großen Optimierungshorizont t_m (siehe Gln.(4.19)) gering bleibt.

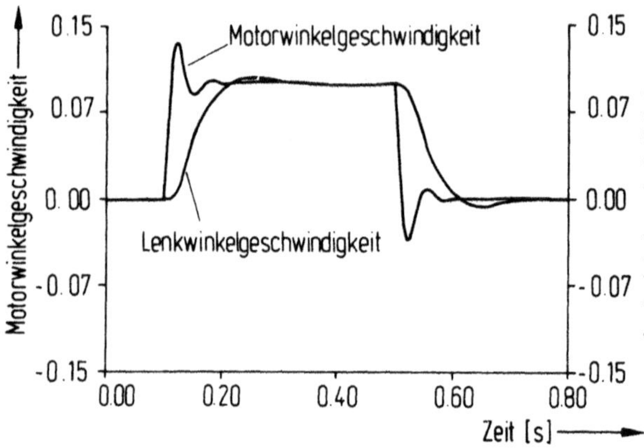

Bild 4.16: Sprungantworten eines PI-drehzahlgeregelten, elastisch gekoppelten Lenkantriebs 5.Ordnung

Wichtigstes Kriterium für die Verwendbarkeit der DSMC-Lageregelung bei elastisch gekoppelten Lenkantrieben ist deren Robustheit hinsichtlich Dämpfungsschwankungen. Wie bereits in Abschnitt 3.1.1 dargestellt, verändert sich das auf die Lenkachse wirkende Lastmoment bei Schräg- und bei Kurvenlauf. Dieses Lastmoment kann als variable, der Lenkgeschwindigkeit proportionale Dämpfung modelliert werden /30/.

In Bild 4.18 ist nun die Robustheit der DSMC-Lageregelung bei vereinfachtem Parallelmodell dargestellt.

Ist die Streckendämpfung D_{st} größer als die dem Entwurf zu Grunde liegende Dämpfung D_0, so ist ein robustes Regelverhalten gewährleistet jedoch bei zunehmenden Bahnabweichungen. Eine Streckendämpfung D_{st} kleiner D_0 führt zu einer starken Destabilisierung des Regelkreises.

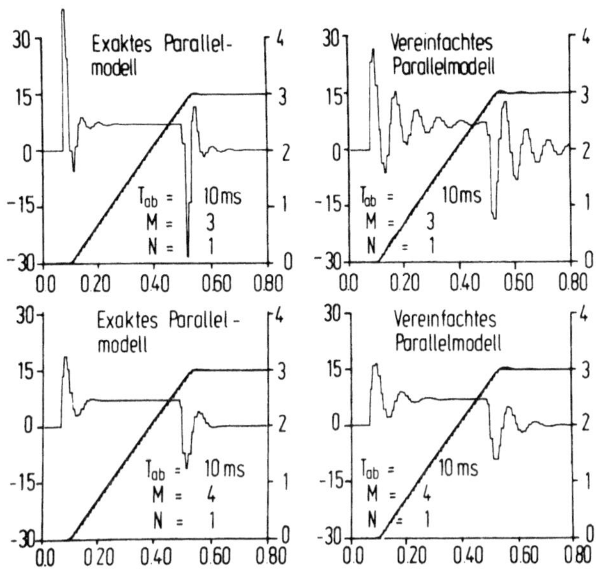

Bild 4.17: DSMC-lagegeregelter, elastisch gekoppelter Lenkantrieb 5.Ordnung bei exaktem und vereinfachtem Parallelmodell (Achsbeschriftung siehe Bild 4.15)

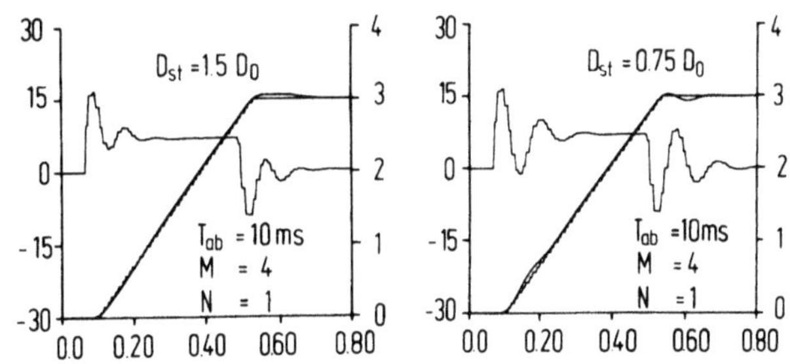

Bild 4.18: DSMC-lagegeregelter Lenkantrieb 5. Ordnung mit vereinfachtem Parallelmodell bei Dämpfungsschwankungen (Achsbeschriftung siehe Bild 4.15)

4.3 Beurteilung der Regelverfahren

Vergleicht man die beiden im Rahmen der vorliegenden Arbeit entwickelten Regelverfahren - Bahnregelung entlang einer virtuellen Leitlinie und prädiktive Regelung der Bewegungsachsen - so weisen diese jeweils spezifische Vor- und Nachteile auf. Aus Tabelle 4.2 ist ersichtlich, daß sich das entworfene Bahnregelungskonzept zur spurungebundenen Führung fahrerloser Transportfahrzeuge besonders eignet. Da die erreichbare Bahngenauigkeit allein durch das Prinzip der Positionserfassung vorgegeben ist, führen Lastschwankungen oder Rückstellmomemte auf die Lenkantriebe zu keiner bleibenden Positionsabweichung. Die große Einschwingstrecke der Bahnregelung und die prinzipbedingten Bahnabweichungen während der Fahrt spielen bei fahrerlosen Transportfahrzeugen eine untergeordnete Rolle.

Bahnregelung entlang einer virtuellen Leitlinie		Prädiktive Regelung der Bewegungsachsen	
Vorteile	Nachteile	Vorteile	Nachteile
• Hohe Bahngenauigkeit; allein durch das Prinzip der Positionserfassung vorgegeben • Unabhängige Einstellbarkeit der Bahn- und Achsreglerkoeffizienten • Reglerprinzip auch entlang einer realen Leitlinie einsetzbar	• Struktur der Bahnregelung abhängig von der jeweiligen Fahrzeugkinematik	• Unabhängig von der jeweiligen Fahrzeugkinematik • Einfache Struktur der Bewegungserzeugung • Übersichtlicher Entwurf der Reglerkoeffizienten	• Modellungenauigkeiten können bei Transportfahrzeugen zu bleibenden Positionsabweichungen führen

Tabelle 4.2: Beurteilung der unterschiedlichen Regelverfahren zur Bahnführung fahrerloser Transportfahrzeuge ohne Spurbindung

Wichtig ist die hohe Zielgenauigkeit, die spurungebundenes Fahren auch über längere Strecken zuläßt. Als Nachteil erweist sich die Tatsache, daß es sich um eine kinematikabhängige Struktur der Bahnregelung handelt. Neben der Rückwärtstransformation müssen somit für jede Fahrzeugkinematik die jeweiligen Algorithmen des Bahnregelungsverfahrens ausgetauscht werden.

Derartige Nachteile weist das prädiktive Regelverfahren des "Dynamic System Matrix Control" nicht auf, was eine einfache Struktur der Bewegungserzeugung zur Folge hat (siehe Bild 4.1). Mit Hilfe der im letzten Abschnitt hergeleiteten Einstellregeln ist ein für den Anwender übersichtlicher Entwurf der Reglerkoeffizienten möglich, da lediglich der Optimierungshorizont M als freier, direkter Entwurfsparameter eingestellt werden muß. Das parametrische Streckenmodell kann dabei mit Hilfe einer Off-line-Identifikation bestimmt werden. Auf Grund der fehlenden Rückkopplung absoluter Bahnfehler, die durch Ungenauigkeiten im parametrischen Streckenmodell entstehen können, weist dieses Regelverfahren über längere Fahrstrecken eine geringere Zielgenauigkeit als die Bahnregelung entlang einer virtuellen Leitlinie auf. Hierbei ist es jedoch denkbar, mit Hilfe der Vorwärtstransformation die absolute Fahrzeugposition mitzuführen, um im Zielpunkt oder zu bestimmten Zeitpunkten während der Fahrt eine gesteuerte Bahnkorrektur einzuleiten.

5 Aufbau und Funktionalität des spurungebundenen Transportsystems "FLEXL"

5.1 Mechanischer Aufbau des Transportsystems

Wie in Abschnitt 2.2 dargestellt, handelt es sich beim Fahrwerkstyp FZ23 (siehe Bild 2.2) hinsichtlich der Beweglichkeit, des Transformationsaufwandes und der Bahngenauigkeit bei spurungebundener Führung mittels direkter Winkelmeßsysteme um einen optimalen kinematischen Aufbau. Der kinematische Aufbau birgt folgende Vorteile:

* kinematisch bestimmt, d. h. Anzahl der Freiheitsgrade der Bewegung gleich der Anzahl der Bewegungsachsen,
* einfach und sehr genau ausrichtbare Bewegungsachsen,
* geringe dynamische Bahnabweichungen bei Kurvenfahrten durch die parallele Anordnung der dynamisch gleichen Fahrantriebe,
* geringer Aufwand zur On-line-Berechnung der Rückwärtstransformation bei einer Bahnvorgabe in Hallenkoordinaten und
* direkte Bestimmbarkeit des Raumwinkels des Fahrzeugs aus den zu diskreten Meßpunkten ermittelten Winkeländerungen der Drehgeber (siehe Gln. 3.20).

Um Aussagen hinsichtlich der maximal erreichbaren Zielgenauigkeiten bei spurungebundener Führung fahrerloser Transportsysteme zu erhalten, verfügt das Transportsystem "FLEXL" über eine derartige Kinematik. In Bild 5.1 ist die mechanische Struktur des Transportsystems dargestellt. Es besteht im wesentlichen aus drei Komponenten:

* dem Fahrzeugrahmen mit vier elastisch gefederten Stützrollen, die die horizontale Stabilisierung des Rahmens ermöglichen,
* dem Drehkern, der in der Fahrzeugmitte angebracht ist und mit Hilfe des angeflanschten Orientierungsantriebs eine Drehbewegung des Rahmens bei stehenden Antriebsrädern ermöglicht (siehe auch Bild 5.3), und
* dem Pendelträger, mit welchem die zwei Fahrantriebe starr verbunden sind (siehe auch Bild 5.2).

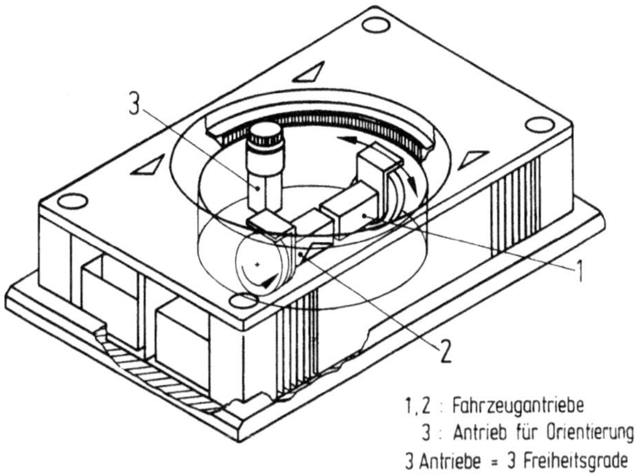

Bild 5.1: Mechanische Struktur des aufgebauten, optimal flächenbeweglichen Transportfahrzeugs

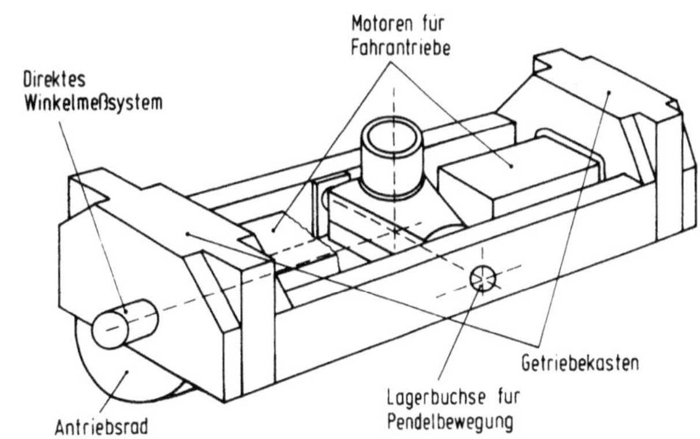

Bild 5.2: Aufbau des Pendelträgers mit starr angebrachten Fahrantrieben

Durch eine pendelnde Lagerung der beiden Fahrantriebe im Drehkern verteilt sich die auf dem Pendelträger wirkende Normalkraft symmetrisch auf beide Fahrantriebe. Dadurch wird ein in jedem Fahr- und Beladungszustand gleiches Beschleunigungsvermögen beider Fahrantriebe erreicht. Die Winkelmeßsysteme wurden, wie im Bild 5.2 dargestellt, hinter dem Getriebe an den Rädern angebracht, so daß eine direkte Winkelmessung vorliegt.
Die elektrischen Verbindungen zwischen Motoren und Verstärker sowie Meßsystemen und Rechner werden die durch die Mittelachse des Drehkerns durchgeführt (siehe Bild 5.3). Dadurch ist ein Verdrehen des Rahmens zum Drehkern um 350 Grad möglich, ohne daß es zu einem Abquetschen der Kabel kommt. Die Kraftübertragung zwischen Drehkern und Rahmen erfolgt über eine Innenverzahnung, d.h. der Orientierungsantrieb ist im Drehkern aufgehängt. Ein Winkelmeßsystem mißt über ein entsprechendes Ritzel die Verdrehung des Rahmens zum Drehkern (siehe auch Bild 5.3). Auch hier liegt eine direkte Messung des Orientierungswinkels vor.

Bild 5.3: Kraftübertragung zwischen Drehkern und Fahrzeugrahmen beim aufgebauten Transportfahrzeug

Wichtiges Konstruktionsziel war eine möglichst symmetrische Gewichtsverteilung insbesondere im Fahrzeugrahmen, um hohe Beschleunigungen erreichen zu können. Durch die symmetrische Anordnung der Batteriezellen auf vier Kammern sowie der Antriebsverstärker und des Fahrzeugrechners (siehe Bild 5.4) stützt sich das Fahrzeuggewicht im wesentlichen über die Fahrantriebe ab. Die vier Stützfedern übernehmen lediglich die horizontale Stabilisierung des Rahmens. Im Bild 5.4 sind auch die geometrischen Daten des Fahrzeugs angegeben.

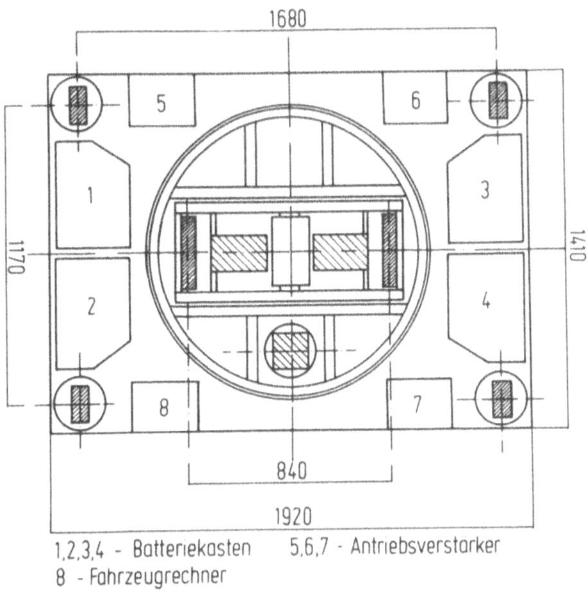

Bild 5.4: Untenansicht des Fahrzeugrahmens (Die symmetrische Anordnung der Batterien und Steuereinrichtungen ist angedeutet).

Weitere Konstruktionsziele waren eine niedrige Bauweise und eine maximale Lastaufnahme von bis zu 1,5 to. Das Fahrzeug hat ein Eigengewicht von 1,1 to. In Bild 5.5 ist das komplette Transportsystem ohne Übergabeeinrichtung oder ohne ein zusätzliches Handhabungssystems dargestellt. Als Sicherheitsfunktion wurde es mit Bumpern ummantelt.

Bild 5.5: Optimal flächenbewegliches Transportsystem mit Bumpern als Kollissionsschutzeinrichtungen (ohne Übergabeeinrichtung)

5.1.1 Auslegung der Fahrantriebe und des Orientierungsantriebs

Bei der Auslegung der Fahrantriebe und des Orientierungsantriebs standen zwei globale Kriterien im Vordergrund:

* Das Fahrzeug sollte eine hohe Dynamik und damit Beschleunigungsfähigkeit aufweisen; d.h. die durch die Haftreibung begrenzte maximale Fahrzeugbeschleunigung bzw. Drehbeschleunigung sollte auch bei beladenem Fahrzeug gestellt werden können.
* Der Energiebedarf bei Beschleunigungsvorgängen sollte möglichst gering sein; d.h. es sollten Motoren und Getriebe mit geringem Eigenträgheitsmoment zum Einsatz kommen.

Diese Kriterien führten zur Auswahl von Drehstrommotoren, die bei gleichem Bauraum höhere Spitzenmomente und geringere Trägheitsmomente als Gleichstrommotoren aufweisen. Hinzu kommt die Wartungsfreiheit und die Tatsache, daß bereits im Motor ein Wegmeßsystem (Resolver) integriert ist. Als Getriebe wurden Exzentergetriebe mit sehr kleinem Trägheitsmoment ausgewählt. Für die Dimensionierung wurden folgende Anforderungen formuliert:

Maximale Fahrgeschwindigkeit	$v_{max} = 1{,}5$ m/s
Maximale Drehgeschwindigkeit des Fahrzeugrahmens	$\omega_{max} = 100$ grad/s
Nenndrehmoment	$M_N \sim 10$ Nm

Das Nenndrehmoment setzt sich zusammen aus der Reibung in den Kraftübertragungselementen und der Walkarbeit der Räder. Hinzu kommen in Abhängigkeit des Fahrzustandes Störmomente, hervorgerufen durch Richtungsänderungen in den Stützrädern sowie Schräglauf und Kurvenlauf der Antriebsräder. Das erforderliche Motormoment der Fahrantriebe wird maßgeblich durch die maximal erreichbare Fahrzeugbeschleunigung bestimmt.

$$M_{B,FZ} = \frac{1}{i_F} \; \frac{a_{max}}{r} \; \frac{1}{2} \, m_{FZ} \, r^2 \tag{5.1}$$

mit

$$a_{max} = \mu \, \frac{m_{rad}}{1/2 \; m_{FZ}} \, g \tag{5.2}$$

Dabei ist

- $M_{B,FZ}$: Motormoment zur Fahrzeugbeschleunigung
- a_{max} : maximale Fahrzeugbeschleunigung
- i_F : Getriebeübersetzung Fahrantrieb
- r : Radius des Antriebsrades
- m_{FZ} : Fahrzeuggewicht
- μ : Haftreibungskoeffizient
- m_{rad} : Last auf angetriebenem Rad
- g : Gravitationskonstante (~ 10 m/s^2)

Aus Gleichung (5.2) wird deutlich, daß sich möglichst das gesamte Fahrzeuggewicht m_{FZ} auf den angetriebenen Rädern abstützen solle. Geht man von folgenden Zahlenwerten aus:

$$\mu = 0{,}2 \ldots 0{,}6$$

und

$$\frac{m_{rad}}{1/2\ m_{FZ}} = 0{,}5 \ldots 0{,}8,$$

so liegt die maximal mögliche Fahrzeugbeschleunigung unabhängig vom Fahrzeuggewicht zwischen

$$1\ m/s^2 < a_{max} < 4{,}8\ m/s^2.$$

Für die Motorauswahl wurde von einer maximalen Beschleunigung von $a_{max} = 2{,}5\ m/s^2$ ausgegangen.

Ausgewählt wurde ein Antriebssystem für die Fahrantriebe mit folgenden Daten

$$\begin{aligned} r &= 0{,}155\ mm \\ i_F &= 26 \\ J_{M+G} &= 1{,}07\ 10^{-3}\ kgm^2 \\ J_{FZ} &= 1/2\ m_{FZ} r^2 = 13{,}2\ kgm^2 \\ &\qquad \text{bzw. } 31{,}2\ kgm^2 \text{ (mit Last).} \end{aligned}$$

Das zur Fahrzeugbeschleunigung aufzubringende Moment liegt bei

$$M_{B,FZ} = 8{,}1\ Nm \text{ (bzw. } 19{,}2\ Nm \text{ im Lastfall).}$$

Zusätzlich müssen noch Motor und Getriebewelle beschleunigt werden

$$M_{B,M+G} = \frac{a_{max}}{r}\, i_F^{\,2}\, J_{M+G} \simeq 0{,}72\ Nm \qquad (5.3)$$

mit

J_{M+G} : Trägheitsmoment Motor und Getriebe

$M_{B,M+G}$: Motormoment zur Beschleunigung von Motor und Getriebe

und ein Reibmoment von etwa 5 Nm aufgebracht werden. Daraus ergibt sich ein Spitzenmoment von etwa 25 Nm. Der ausgewählte Motor erreicht bei einem Dauermoment von 5 Nm eine maximale Geschwindigkeit von v_{max} = 1,43 m/s.

Das erforderliche Motormoment des Orientierungsantriebs ergibt sich wiederum im wesentlichen aus der maximal erreichbaren Fahrzeugbeschleunigung:

$$M_{B,R} = 1/i_o \quad B \; (a_{max} \; 1/2 \; m_{FZ}) \tag{5.4}$$

mit

$M_{B,R}$:	Motormoment zur Beschleunigung des FZ-Rahmens
B :	Radstand zwischen den beiden Fahrantrieben
i_o :	Getriebeübersetzung Orientierungsantrieb

Die maximal mögliche Drehbeschleunigung des Fahrzeugrahmens ergibt sich dann aus folgendem Quotienten:

$$\dot{\omega}_{R,max} = \frac{M_{B,R}}{J_R} \tag{5.5}$$

Für das Trägheitsmoment des Fahrzeugrahmens J_R wurden folgende Zahlenwerte ermittelt bzw. angenommen:

$J_R \approx 155 \; kgm^2$ (bzw. 400 kgm^2 mit Last).

Ausgewählt wurde ein Antriebsystem für den Orientierungsantrieb mit folgenden Daten

$B = 840$ mm
$i_o = 136{,}5$
$J_{M+G} = 1{,}633 \; 10^{-3} \; kgm^2$

Dies führt zu den folgenden Leistungsmerkmalen

$M_{B,R}$	$= 8{,}46$ Nm	(bzw. 20 Nm)
$\dot{\omega}_{R,max}$	$= 7{,}45\ 1/s^2$	(bzw. $6{,}8\ 1/s^2$)
$M_{B,M+G}$	$= 1{,}6$ Nm	
$\omega_{R,max}$	$= 101$ grad/s	(Maximale Drehgeschwindigkeit des Fahrzeugrahmens)

Das erforderliche Spitzenmoment liegt wiederum bei etwa 25 Nm, so daß für den Orientierungsantrieb der gleiche Motor wie bei den Fahrantrieben verwendet wurde.

5.2 Struktur des FTS-Steuerungssystems

Die Struktur des FTS-Steuerungssystems ergibt sich aus der Aufgabenteilung zwischen Fahrzeugsteuerung und FTS-Leitsystem, im wesentlichen aus der Fragestellung, über wieviel Intelligenz die Fahrzeugsteuerung insbesondere im Hinblick auf die Verkehrsregelung verfügen soll. Um eine Kommunikation zwischen zwei einzelnen Fahrzeugen zur Verkehrsregelung zu vermeiden, wurde die in Bild 5.6 dargestellte Kommunikationsstruktur realisiert. Dadurch ergeben sich im Automatikbetrieb für die Fahrzeugsteuerung die folgenden Aufgaben:

* Zielfindung (Navigation entlang vorgegebener Bewegungsbahnen),
* Positionieren vor Übergabestationen,
* Kollisionsschutz als NOTAUS-Funktion,
* Synchronisation mit den Übergabestationen sowie
* Kommunikation mit dem FTS-Leitsystem.

Die Kommunikation mit den Übergabestationen erfolgt über optische Signalgeber. Somit ist es möglich, die Palettenübergabe bzw. -nahme über den Fahrzeugrechner zu steuern. Die Quittierung der Palettenübergabe bzw. -übernahme erfolgt über eine Infrarot-Strecke zwischen dem Transportsystem und der Materialflußsteuerung /23,61/. Im Automatikbetrieb werden zudem die jeweiligen Transportvorgänge über dieses Übertragungsmedium eingeleitet, d.h. die den Transportvorgängen zugeord-

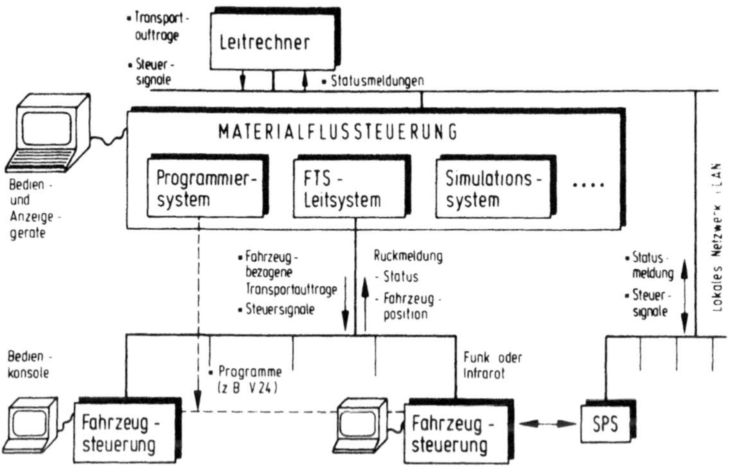

Bild 5.6: Kommunikationsstruktur einer fortgeschrittlichen FTS-Anlage (SPS ... speicherprogrammierbare Steuerung, LAN ... Local Area Network)

neten Bewegungs- und Ablaufprogramme sind bereits auf der Fahrzeugsteuerung vorhanden. Die zugehörige Grobstruktur der Fahrzeugsteuerung ist in Bild 5.7 dargestellt. Kernelement der Fahrzeugsteuerung ist der Interpreter bzw. die Ablauf- und Bewegungssteuerung. Diese interpretiert das übergeordnete Steuerungsprogramm sowie die einem Transportvorgang zugeordneten Bewegungs- und Ablaufprogramme und führt diese aus. Dazu werden im Interpreter Anweisungen für die Softwaremodule Bewegungserzeugung, Prozeß E/A und Standard E/A generiert.

Das übergeordnete Steuerungsprogramm und die Bewegungs- und Ablaufprogramme werden in einer expliziten Programmiersprache erstellt und anschließend in eine dem Interpreter verständliche Sprache (IR-DATA-CODE) übersetzt. Das übergeordnete Steuerungsprogramm liest im

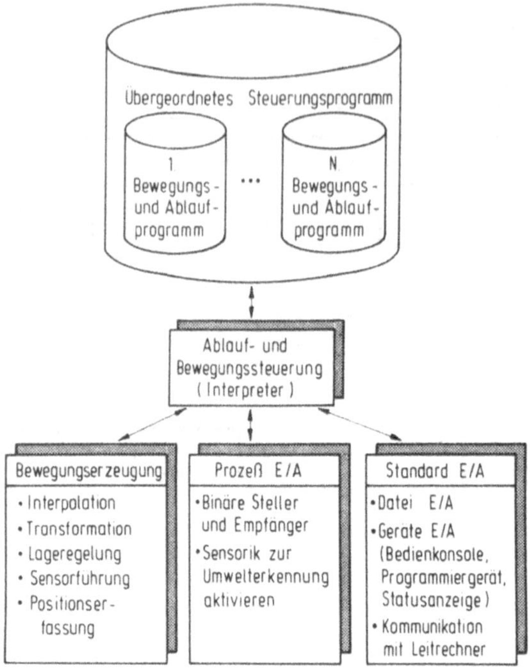

Bild 5.7: Grobstruktur der Fahrzeugsteuerung

wesentlichen den jeweiligen Transportauftrag ein und ruft das zugehörige Bewegungs- und Ablaufprogramm auf. Als Programmiersprache wird eine modifizierte Roboterprogrammiersprache (BAPS) /62/ verwendet, die neben einfachen Bewegungsbefehlen auch die Möglichkeit bietet, mittels Spezialfunktionen unter Verwendung binärer Eingänge die Befehle

* Positioniere (sensorgeführt),
* Lese Transportauftrag und
* Übergebe bzw. Übernehme Palette

zu programmieren. Als Programmiermethode wird eine hybride Programmerstellung in relativen kartesischen Koordinaten durchgeführt (siehe auch /25/). Dadurch war es möglich das Transportsystem "FLEXL" in die am Institut aufgebaute CIM-Anlage zu integrieren /63/.

5.3 Bewegungserzeugung mit Bahnvorgabe in Hallenkoordinaten

Um eine freie Vorgabe von Fahrzeugbewegungen entlang sogenannter virtueller Leitlinien sowie von Positonierbewegungen an bestimmten Hallenpositionen zu ermöglichen, wurde eine Industrierobotern ähnliche Bewegungserzeugung entwickelt. D.h. zur Erstellung von Bewegungsprogrammen gibt der Anwender lediglich Bahnstützpunkte und Zielpostionen in x,y und γ-Koordinaten des jeweiligen Hallenkoordinatensystems vor. Die hierzu erforderliche Bewegungserzeugung umfaßt die folgenden Funktionen:

- Linearinterpolation in Raumkoordinaten mit Überschleifen von Bahnstützpunkten bei vorgebbarer Bahngeschwindigkeit und -beschleunigung,
- Transformation der Bahnsollwerte von Raumkoordinaten in Maschinenkoordinaten,
- Vordrehen im Stand bei Bahnrichtungsänderungen,
- Lageregelung der Einzelachsen sowie
- Ermittlung der absoluten Raumpositon vor Übergabestationen und Einleiten sensorgeführter Postionierbewegungen.

Die Ermittlung der absoluten Raumposition vor Übergabestationen erfolgt mit Hilfe von drei Ultraschallsensoren. Die dabei erreichbare Meßgenauigkeit liegt bei ± 1mm in x- und y-Richtung sowie ± 0,05 Grad in der Fahrzeugorientierung γ. Zwischen den einzelnen Übergabestationen fährt das Transportsystem spurungebunden unter Verwendung der direkten Winkelmeßsysteme an den Bewegungsachsen. Um diese Wegstrecken auch mit Hilfe einer Absolutsensorik zurücklegen zu können, wurden in der Bewegungserzeugung folgende Funktionen zusätzlich vorgesehen:

- Ermittlung der Raumposition des Transportsystems aus den direkten Winkelmeßsystemen der Antriebe (Vorwärtstransformation) und
- Bahnregelung entlang einer virtuellen Leitlinie.

Damit ist es möglich auch entlang einer realen Leitlinie ohne Änderung des Regelprinzips zu verfahren (siehe Abschnitt 4.1.1). Die Funktion "Vordrehen im Stand" ermöglicht Bahnrichtungsänderungen auf engstem Raum, da sich dabei Fahrzeugposition und -orientierung nicht ändern. Diese Funktion wird beim Anfahren stets eingeleitet.

In Bild 5.8 sind die Wirkzusammenhänge zwischen den einzelnen Funk-

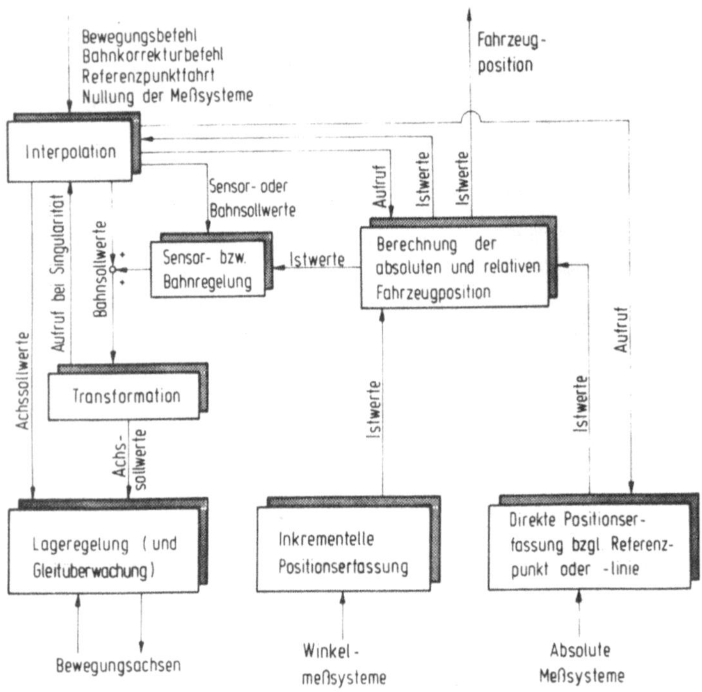

Bild 5.8: Wirkzusammenhänge zwischen den einzelnen Funktionsbausteinen der Bewegungserzeugung und Schnittstelle zur Bewegungs- und Ablaufsteuerung

tionsbausteinen der Bewegungserzeugung und die Schnittstelle zur Bewegungs- und Ablaufsteuerung graphisch dargestellt. Die Referenzpunktfahrt und die Nullung der Winkelmeßsysteme (an Referenzpositionen) werden nach Einschalten der Fahrzeugsteuerung und vor der Ausführung eines Transportvorgangs eingeleitet.

Mit Hilfe dieser Bewegungserzeugung und der zur Verfügung stehenden Sensorik ist es nun möglich, das Bahnverhalten und insbesondere die Zielgenauigkeit des Transportsystems "FLEXL" experimentell zu untersuchen.

5.4 Beurteilung des Bahnverhaltens bei spurungebundener Führung

Mit der im letzten Abschnitt dargestellten Bewegungssteuerung ist es möglich, das Transportsystem "FLEXL" entlang beliebiger Bahnen bei frei wählbarer Rahmenorientierung zu verfahren. In Bild 5.9 ist beispielhaft eine derartige spurungebundene Fahrt und das zugehörige Ablauf- und Bewegungsprogramm in der Roboterprogrammiersprache BAPS dargestellt /62, 64/. Um das Bahnverhalten - insbesondere die erreichbare Zielgenauigkeit - zu analysieren, werden im folgenden zwei unterschiedliche Referenzstrecken betrachtet:

* Eine durch drei Geradenstücke angenäherte Kreisbahn mit einem Radius von r_k=1,5 m. Dabei wird gleichzeitig die Rahmenorientierung um $\Delta\gamma$=90° verdreht (Strecke 1).

* Eine 15 m lange, aus fünf Geradenstücken zusammengesetzte Bahn bei konstanter Rahmenorientierung (Strecke 2).

Um einen möglichst sanften Übergang zwischen den einzelnen Geradenstücken zu gewährleisten, wird im Interpolator eine von Fahrgeschwindigkeit und -beschleunigung abhängige Überschleifbahn generiert. Die erreichbare Zielgenauigkeit bei spurungebundener Fahrt wird mit Hilfe einer Ultraschallsensorik im Zielpunkt erfaßt. Während der Fahrt wird keine absolute Positionserfassung durchgeführt.

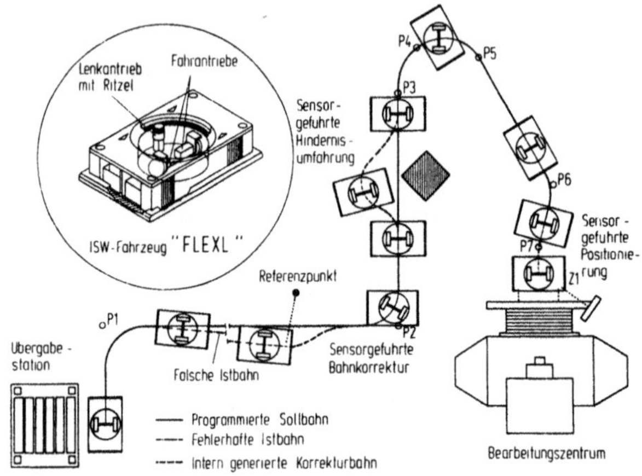


```
PROGRAMM BEISPIEL
PUNKTE P1,P2,P3,P4,P5,P6,P7,Z1 (zu teachende Bahnpunkte)
V = 500     ( Geschwindigkeit von 0.5 m/s)
A = 500     ( Beschleunigung von 0.5 m/s**2)
FAHRE LINEAR UEBER P1,P2,P3
FAHRE KREIS UEBER (P4,P5)
FAHRE LINEAR UEBER P6 NACH P7
WARTE BIS SENSOR       ( Messung der Istposition mit
                         Ultraschall )
FAHRE LINEAR NACH Z1
WARTE BIS UEBERGEBEN   ( Kommunikation mit Bearbeitungs-
                         zentrum)
ENDE
```

Bild 5.9: Unterschiedliche Fahrsituationen des Transportsystems "FLEXL" und zugehöriges Ablauf- und Bewegungsprogramm

In Tabelle 5.1 sind die bei zehn Meßfahrten aufgetretenen, maximalen Abweichungen vom Mittelwert der jeweiligen Zielkoordinaten angegeben. Dabei wurde mit aktiver Bahnregelung (siehe Abschnitt 4.1.1) bei unterschiedlicher Geschwindigkeit und Beschleunigung verfahren. Abhängig

	Strecke 1			Strecke 2		
	Δx_{max} (mm)	Δy_{max} (mm)	$\Delta \gamma_{max}$ (Grad)	Δx_{max} (mm)	Δy_{max} (mm)	$\Delta \gamma_{max}$ (Grad)
$v = 400 \frac{mm}{s}$ und						
$a = 250 \frac{mm}{s^2}$	11,2	8,9	0,08	9,3	41,2	0,19
$a = 500 \frac{mm}{s^2}$	7,5	7,5	0,08	7,6	84,7	0,43
$a = 1000 \frac{mm}{s^2}$	7,4	5,3	0,11	6,3	53,8	0,21
$a = 1000 \frac{mm}{s^2}$ und						
$v = 200 \frac{mm}{s}$	5,8	7,6	0,07	6,7	94,7	0,19
$v = 400 \frac{mm}{s}$	7,4	5,3	0,11	6,3	53,8	0,21
$v = 800 \frac{mm}{s}$	11,0	14,7	0,09	8,7	95,2	0,26

Tabelle 5.1: Maximale Abweichungen vom Mittelwert der jeweiligen Zielkoordinaten bei unterschiedlichen Bahnparametern

von den Überschleifbahnen ergeben sich damit auch unterschiedliche Zielgenauigkeiten. Auf Grund des gewählten Überschleifverfahrens treten zudem unterschiedlich große Sollwertsprünge in der Geschwindigkeit der Drehkernorientierung auf, was zu Schlupf in den Aufstandsflächen der angetriebenen Räder führt. Um derartige Effekte zu vermeiden, müssen von Geschwindigkeit und Beschleunigung unabhängige Überschleifalgorithmen verwendet werden, die zu keinen sprungförmigen Änderungen in der Zentrifugalkraft führen (z.B. Klotoidenbahnen siehe /7/).

Auf Grund weiterer Fehlerquellen, wie z.B.

* die ungenaue Erfassung der Startposition mit Hilfe der Ultraschallsensoren,
* unebener Fußboden,
* mechanisch ungenau ausgerichtete Bewegungsachsen sowie
* mit Hilfe der Winkelmeßsysteme nicht erfaßbarer Schlupf durch Schräg- und Kurvenlauf,

ist es nicht möglich, die Richtigkeit der in den vorherigen Abschnitten durchgeführen theoretischen Untersuchungen experimentell exakt nachzuweisen. Die Größenordnung der erreichten Zielgenauigkeiten bestätigt jedoch die theoretischen Vorüberlegungen. Die Zielgenauigkeit von etwa ± 5 cm bei einer Fahrgeschwindigkeit von $v = 400$ mm/s und einer Beschleunigung von $a = 250$ mm/s^2 bei einer Fahrstrecke von 15m (siehe Tabelle 5.1) ist bei fahrerlosen Transportsystemen vollkommen ausreichend. Durch die Verwendung verbesserter Überschleifalgorithmen sind derartige Genauigkeiten auch bei höheren Beschleunigungen und Geschwindigkeiten erreichbar.

6 Zusammenfassung und Ausblick

Die vorliegenden Untersuchungen zum Bahnverhalten und zur Regelung fahrerloser Transportsysteme ohne Spurbindung erbrachten unterschiedliche Ergebnisse. Ausgehend von den Anforderungen an derartige Transportsysteme insbesondere an die Fahrzeugkinematik wurden unterschiedliche herkömmliche Fahrwerksvarianten verglichen und eine neue Konstruktionssystematik für spurungebundene Transportfahrzeuge entworfen. Für die jeweiligen Transportaufgaben und die dabei erforderlichen Lastübergabetechniken lassen sich damit Fahrwerke entwerfen, die eine hohe Mobilität und hohe Bahngenauigkeiten bei einer spurungebundenen Führung erlauben.

Am Beispiel des aufgebauten, optimal flächenbeweglichen Transportsystems "FLEXL" sowie an Fahrzeugen mit einer Dreiradkinematik (z.B. Gabelstapler) wurde im Anschluß daran eine systematische, theoretische Analyse des Bahnverhaltens beim spurungebundenen Fahren unter ausschließlicher Verwendung direkt messender Winkelgeber an den Antrieben durchgeführt. Dies hatte zum Ziel, Ursachen von Bahnfehlern zu erkennen, um diese dann mit Hilfe von steuerungstechnischen Maßnahmen zu reduzieren. Dabei erwiesen sich dynamische Schleppfehler, insbesondere Schleppfehler in den Lenkachsen herkömmlicher Fahrzeuge mit einer Dreiradkinematik, als maßgebliche Ursache von bleibenden Positionsabweichungen. Die Vermeidung derartiger Bahnfehler mit Hilfe regelungstechnischer Maßnahmen stand daher im Mittelpunkt der vorliegenden Arbeit.

Denkbar sind hierbei Bahnregelungskonzepte in Raumkoordinaten unter Verwendung der Vorwärtstransformation und Achsregelkonzepte mit minimalen Schleppfehlern. Da bei der Bahnregelung in Raumkoordinaten die erreichbare Zielgenauigkeit lediglich durch die Genauigkeit der Vorwärtstransformation bestimmt wird, wurde eine derartige Regelung für das Transportsystem "FLEXL" entworfen und experimentell untersucht. Die erreichbare Genauigkeit auf einer Fahrstrecke von 15m lag bei ± 5cm. Eine Erhöhung der Zielgenauigkeit ist in erster Linie durch verbesserte, von der Fahrgeschwindigkeit und -beschleunigung unabhängige Überschleifbahnen zu erreichen, die zu keinen sprungförmigen Änderungen in der Zentrifugalkraft bei Kurvenfahrten führen. Bahnfehler, hervorgerufen durch mechanische Ungenauigkeiten, Bodenunebenheiten, die begrenzte Meßgenauigkeit der Sensorik sowie Schlupf sind durch steuerungstechnische Maßnahmen nicht vollständig kompensierbar, so daß der maximal mögliche Abstand zwischen zwei Referenzpunkten in einer normalen Fertigungsumgebung bei etwa 25m liegt.

Wird eine kinematikunabhängige Struktur der Bewegungssteuerung angestrebt, so lassen sich auch ohne Bahnregelung mit Hilfe des entwickelten prädiktiven Regelverfahrens des Dynamic System Matrix Control (DSMC) hohe Bahngenauigkeiten erzielen. In /65/ wird gezeigt, daß mit diesem Achsregelverfahren auch bei Verwendung indirekter Meßsysteme hohe Bahngenauigkeiten erreicht werden können. Die Bedeutung dieses Regelverfahrens geht über die Anwendung bei FTS ohne Spurbindung hinaus. Denkbar ist z.B. der Einsatz bei hochgenauen Bearbeitungsaufgaben mit Werkzeugmaschinen, bei Montageaufgaben mit Industrierobotern, die eine Synchronisation mit bewegten Bändern erfordern, oder Aufgaben der Bahnverfolgung mit voreilenden Sensoren. Kennzeichnend für dieses prädiktive Regelverfahren ist die für den Anwender einfache und übersichtliche Reglereinstellung.

Mit Hilfe des realisierten Transportsystems "FLEXL" mit seinen charakteristischen Merkmalen:

* Freibeweglich durch Verwendung einer neuartigen Fahrzeugkinematik,
* Freiprogrammierbar durch Verwendung einer Robotersteuerungen ähnlichen Programmiersprache und Bewegungssteuerung und
* Spurungebunden entlang vorgegebener Streckenabschnitte unter Verwendung direkter Winkelmeßsysteme an den Bewegungsachsen

wurden zentrale Anforderungen an fahrerlose Transportsysteme ohne Spurbindung erfüllt. Es ergibt sich eine drastische Reduzierung des Aufwandes und der Kosten für Anlageplanung und Inbetriebnahme sowie für Änderungen bei bestehenden FTS-Anlagen. Man kann hier von wirklich flexiblen und einfach projektierbaren Transportmitteln sprechen.

Damit wurden Grundlagen geschaffen, um fahrerlose Transportsysteme ohne Spurbindung zur innerbetrieblichen Materialflußverkettung auch in enger Produktionsumgebung einzusetzen. Um die Einsatzbereiche zu erweitern, die Fahrsicherheit zu erhöhen und die Handhabbarkeit der Systeme durch den Anwender zu verbessern, sind in Zukunft Untersuchungs- und Entwicklungsarbeiten in den folgenden Bereichen sinnvoll:

* Sensorsysteme und Algorithmen zur Gleitüberwachung und zur Überwachung von Schlupf, hervorgerufen durch Schräglauf und Kurvenlauf,
* Sensorsysteme mit hoher Winkelauflösung zur diskreten Referenzierung, die eine Positionserfassung ohne Absenkung der Fahrgeschwindigkeit erlauben,
* Sensorsysteme als Sicherheitseinrichtungen, die einen berührungslosen Kollisionsschutz mit einem Meßbereich bis zu 1m ermöglichen sowie
* Programmier- und Simulationssysteme als Hilfsmittel zur Anlagenplanung und -inbetriebnahme, die eine Berücksichtigung der Fahrzeugkinetik und der Kräfte und Momente zwischen Rad und Boden erlauben.

In Zukunft ist es auch denkbar derartige Transportsysteme als Basis für mobile Roboter einzusetzen, die ortsungebunden Handhabungs-, Inspektions- oder auch Bearbeitungsaufgaben durchführen.

Schrifttum

/1/ N.N. FTS-Statistik. MF-Markt 1972, 1977, 1980, 1985, 1989

/2/ Geisslreither, W. Fahrerlose Fahrzeuge. f+h 22 (1972) 16

/3/ Müller, T. Einsatzmöglichkeiten von Fahrerlosen Transportsystemen (FTS). Fortschr.- Ber. VDI-Z. 13 (1983) 12

/4/ Brinkmann, H.-G. Vollautomatischer Betrieb mit Flurförderzeugen. Schweizer Maschinenmarkt, Goldach Nr. 50 (1984)

/5/ Schulze, L. FTS-Praxis. Resch Verlag (1985)

/6/ Schick, J. Die Lenkregelung von Flurförderzeugen im Leitwegsystem. Elektronik 12 (1969), S. 365-368

/7/ Pritschow, G. Jantzer, M. Flächenbewegliche Flurförderzeuge. wt-Z.ind. Fertig. 76 (1986), S. 241-245

/8/ Schwager, J. New AGV Developments Offering Larger Flexibility to the User. In: Proceedings of the 6th International Conference on AGVS (1988), pp. 88-99

/9/ Fürst, K. Fahrzeugführung auch mit Hilfe von optischen Leitlinien. DGfL-Gespräche in Dortmund (1984), S. 25.1-25.3

/10/ Stock, W. Einsatz der optischen Navigation bei einem fahrerlosen Transportsystem. IDENT '87 in Sindelfingen

/11/ Beisteiner, F. Borcherdt, U. Mechanische Schnittstellen im CIM-Verbund. f+h 39 (1989) 9, S. 715-724

/12/ Premi, S.K. Besaut, C.B. A Review of Various Vehicle Guidance Techniques that Can be Used by Mobile Robots or AGVS. Proc. of the 2nd Int.'l Conf. on AGVS, Stuttgart (1983), pp. 195-210

/13/ Brock, W. Leitlinienlose Führung von Flurförderzeugen - Ortungssysteme und deren Anwendbarkeit. DGfL-Gespräche in Dortmund (1984), S. 24.1-24.9

/14/ Boegli, P. A Comparative Evaluation of AGV Navigation Techniques. Proc. of the 3rd Int.'l Conf. on AGVS, Stockholm (1985), pp. 169-180

/15/ Klein, W. Ein System zur leitlinienlosen Steuerung von autonomen Industriefahrzeugen. Dissertation TU Berlin, 1987

/16/ Crowley, J.L. Navigation of an Intelligent Mobile Robot. IEEE Journal of Robotics and Automation No.1 (1985), pp. 31-41

/17/ Warnecke, H.J. Drunk, G. Integrierte Sensoraktions-Planung als neuartige Sensor- und Steuerungsarchitektur für den mobilen Roboter IPAMAR. Robotersysteme 2 (1987), S. 209-217

/18/ Briot, M. Talon, J.C. Bauzill, G. The Multi-Sensors which Help a Mobile Robot Find its Place. Sensor Review (1981), pp. 15-19

/19/ Nakamura, T. Edge Distribution Understanding for Locating a Mobile Robot.

Proc. of the 11th Int.'l Sym. on Industrial Robots, Tokyo (1981), pp. 7-9

/20/ Hinkel, R.
Knieriemen, T.
Environment Perception with a Laser Radar in a Fast Moving Robot.
SYROCO Karlsruhe, Pergamon Press, Oxford (1988)

/21/ Karl, G.
Schmidt, G.
3D-Laser Range Camera for Mobile Robot Applications: Sensor Model Based Preprocessing and Motion Oriented Feature Extraction.
SYROCO Karlsruhe, Pergamon Press, Oxford (1988)

/22/ Alter, I.
Lenz, E.
A Free Ranging AGV for an FMC.
Annals of the CIRP Vol. 37/1 (1988), pp. 407-411

/23/ Pritschow, G.
Jantzer, M.
Schumacher, H.
A Control System of Free-Ranging Mobile Robots in Production Lines.
In: Proceedings of the 6th International Conference on AGVS (1988), pp. 189-198

/24/ Pritschow, G.
Jantzer, M.
Design and Control of a Free-Ranging Mobile Robot.
IEEE Int.'l Conf. on Control and Applications, Jerusalem (1989), WP-3-5

/25/ Pritschow, G.
Jantzer, M.
Free-Ranging Vehicles with Minimal Space Expense as High Flexible Transport Systems.
Annals of the CIRP Vol. 38/1 (1989), pp. 469-473

/26/ Bussien
Automobiltechnisches Handbuch.
Technischer Verlag Cram Berlin, 18. Auflage, II. Band 3.1. Fahrmechanik 91. Der Reifen unter der Wirkung von Seitenkräften

/27/ Buschmann, H.
Koessler, P.
Handbuch für Kraftfahrzeugingenieure.
Deutsche Verlagsanstalt Stuttgart, 8. Auflage, 1.1 Schlupf, Schräglauf 1.2 Rad und Gleiskette, Bewegung in der Kurve

/28/ Fiala, E. Lenken von Kraftfahrzeugen als kybernetische Aufgabe. Automobiltechnische Zeitschrift 68 (1966), S. 154-162

/29/ Freudenstein, G. Luftreifen bei Schräg- und Kurvenlauf. Deutsche Kraftfahrtforschung und Straßenverkehrstechnik (1961) Heft 152

/30/ Jantzer, M. Bahnregelung flächenbeweglicher Flurförderzeuge. Robotersysteme Vol. 3 (1987), S. 119-127

/31/ Gauss, F.
Wolff, H. Über die Seitenführungskraft von PKW-Reifen. Deutsche Kraftfahrtforschung und Straßenverkehrstechnik (1959), Heft 133

/32/ Koeßler, P.
Senger, G. Vergleichende Untersuchungen der Seitenführungseigenschaften von Personenwagen-Reifen. Deutsche Kraftfahrtforschung und Straßenverkehrstechnik (1964), Heft 172

/33/ Schrade, H. Seitensteifigkeit verschiedener Reifen. Bericht der dt. Versuchsanstalt für Luftfahrt eV., Jahrbuch 1942 der dt. Luftfahrtforschung

/34/ Bronstein, I.N.
Semendjejew, K.A. Taschenbuch der Mathematik. 20. Auflage, Teubner Verlagsgesellschaft, Leipzig

/35/ Braun, H. Bewegungserzeugung für ein optimal flächenbewegliches, spurungebundenes Transportfahrzeug. Semesterarbeit am ISW Stuttgart, 1989

/36/ Stof, P. Untersuchung über die Reduzierung dynamischer Bahnabweichungen bei numerisch gesteuerten

Werkzeugmaschinen.
ISW-Bericht 20, Springer-Verlag Berlin - Heidelberg - New York 1978

/37/ Freund, E. Hoyer, H. — Das Prinzip der nichtlinearen Systementkopplung mit der Anwendung auf Industrieroboter.
Regelungstechnik 28 (1980) Heft 3, S. 80-87, 116-126

/38/ Sommer, R. — Synthese nichtlinearer, zeitvarianter Systeme mit Hilfe einer kanonischen Form.
VDI-Zeitschriften Reihe 8, Nr. 36

/39/ Patzelt, W. — Zur Lageregelung von Industrierobotern bei Entkopplung durch das inverse System.
Regelungstechnik 29 (1981) Heft 12, S. 411-422

/40/ Duelen, G. Wendt, W. — Ein Regelungsverfahren zur Verminderung von Bahnabweichungen bei Handhabungsgeräten.
ZwF 77 (1982) Nr. 9, S. 441-445

/41/ Gruhler, G. — Programmierung von Bearbeitungsrobotern durch sensorgeführtes Nachführen.
wt-Z. ind. Fertig. 73 (1983) Nr. 3, S. 165-168

/42/ Wurst, K.-H. — Oberflächenschleifen mit Hilfe von Industrierobotern.
wt-Z. ind. Fertig. 72 (1982) Nr. 12, S. 693-696

/43/ Kleckner, J. — Bearbeitungseinheit mit integriertem Sensorsystem zur Regelung von Industrierobotern.
HGF-Bericht 37 (1988) 94

/44/ Hesselbach, J. — Digitale Lageregelung an numerisch gesteuerten Fertigungseinrichtungen.
ISW-Bericht 34, Springer-Verlag Berlin - Heidelberg - New York 1981

/45/ Swoboda, W. Digitale Lageregelung für Maschinen mit schwach gedämpfen schwingungsfähigen Bewegungsachsen. ISW-Bericht 66, Springer-Verlag Berlin - Heidelberg - New York - Tokyo 1987

/46/ Egner, M. Hochdynamische Lageregelung mit elektrohydraulischen Antrieben. ISW-Bericht 74, Springer-Verlag Berlin - Heidelberg - New York - London - Paris - Tokyo 1988

/47/ Bruijn, P.M. Bootsma, L.J. Verbruggen, H.B. Predictive Control Using Impuls Response Models. 6th IFAC/IFIP Converence, Düsseldorf (1980) S. 315-320

/48/ Richalet, J. u.a. Model Predictive Heuristic Control: Applications to Industrial Processes. Automatica 14 (1978), S. 413-428

/49/ Rouhani, R. Mehra, R.K. Model Algorithmic Control (MAC); Basic Theoretical Properties. Automatica 18 (1982), S. 401-414

/50/ Leonhard, W. Extrapolierender Digitalregler auf der Basis einer nicht-algebraischen Beschreibung der Regelstrecke. Regelungstechnik 28 (1980), S. 220-226

/51/ Cuttler, C.R. Ramaker, B.L. Dynamic Matrix Control - A Computer Control Algorithm. Proc. JACC, San Francisco (1980) WP5-B

/52/ Garcia, C.E. Internal Model Control: 1. A Unifying Review and some New Results. IEC Proc. Des. Dev. 21 (1982), S. 308-323

/53/ Clarke, D.W.; Mahtadi, C.; Tuffs, P.S. — Generalized Predictive Control - Part I and Part II. Automatica, Vol. 23 (1987) No. 2, pp. 149-160

/54/ Xi, Y. — Beiträge zur Analyse und Synthese eines Prädiktiven Regelverfahrens. Dissertation, Technische Universität München, 1984

/55/ Richalet, J. et al. — Predictive Functional Control - Application to Fast and Accurate Robots. Proc. 10th World Congress on Automation Control; IFAC, Munich (1987) July 27-31

/56/ Jacubasch, A.; Kuntze, H.-B.; Arber, Ch.; Richalet, J. — Anwendung eines neuen Verfahrens zur schnellen und robusten Positionsregelung von Industrierobotern. Robotersysteme 3 (1987), S. 129-138

/57/ Kaynak, O.; Hoyer, H. — Predictive Control of a Robotic Arm. SYROCO Karlsruhe, Pergamon Press, Oxford (1988)

/58/ Boley, D. — Sensorunterstütztes Programmierverfahren für das Entgraten mit Industrierobotern. IPA-IAO Forschung und Praxis 127, Springer-Verlag, 1988

/59/ Ackermann, J. — Abtastregelung. Springer Verlag Berlin - Heidelberg - New York (1972)

/60/ Hagl, R. — Konventionelle Regelkreise. In Seminar: Geregelte elektronische Antriebe, FISW GmbH, April 1988

/61/ Kugler, W. Datenübertragung mit Infrarotlicht. Elektronik 24./25.11.1988, S. 82-90

/62/ Hesselbach, J.; Storr, A.; Kißling, M.; Schumacher, H. Programmiersysteme für Industrieroboter. wt-Z. Ind. Fertig., Vol. 74 (1984) No. 9, S. 526-528

/63/ Pritschow, G.; Wieland, E. Flexible Produktionstechnik im Montagebereich. Technische Rundschau 24 (1989), S.22-31

/64/ Jantzer, M.; Heller, J. Erhöhte Flexibilität - Neue Entwicklungen im FTS-Bereich. MF-Markt 89, S. 76-83

/65/ Jantzer, M. Prädiktive Regelung. In Seminar: Regelungen und Antriebe in numerisch gesteuerten Fertigungseinrichtungen, FISW GmbH, Oktober 1989

ISW Forschung und Praxis

Berichte aus dem Institut für Steuerungstechnik der Werkzeugmaschinen und Fertigungseinrichtungen der Universität Stuttgart

Herausgegeben bis Band 57 von Prof. Dr.-Ing. G. Stute †
ab Band 58 Prof. Dr.-Ing. G. Pritschow

1 D. Schmid, Numerische Bahnsteuerung, 89 S., 1972

2 H. Schwegler, Fräsbearbeitung gekrümmter Flächen, 111 S., 1972

3 J. Eisinger, Numerisch gesteuerte Mehrachsenfräsmaschinen, 90 S., 1972

4 R. Nann, Rechnersteuerung von Fertigungseinrichtungen, 125 S., 1972

5 G. Augsten, Zweiachsige Nachformeinrichtungen, 140 S., 1972

6 B. Karl, Die Automatisierung der Fertigungsvorbereitung durch NC-Programmierung, 121 S., 1972

7 H. Eitel, NC-Programmiersystem, 117 S., 1973

8 E. Knorr, Numerische Bahnsteuerung zur Erzeugung von Raumkurven auf rotationssymetrischen Körpern, 131 S., 1973

9 S. Bumiller, Viskohydraulischer Vorschubantrieb, 123 S., 1974

10 K. Maier, Grenzregelung an Werkzeugmaschinen, 139 S., 1974

11 J. Waelkens, NC-Programmierung, 159 S., 1974

12 E. Bauer, Rechnerdirektsteuerung von Fertigungseinrichtungen, 138 S., 1975

13 H. König, Entwurf und Strukturtheorie von Steuerungen für Fertigungseinrichtungen, 206 S., 1976

14 H. Damsohn, Fünfachsiges NC-Fräsen, 143 S., 1976

15 H. Jetter, Programmierbare Steuerungen, 141 S., 1976

16 H. Henning, Fünfachsiges NC-Fräsen gekrümmter Flächen, 179 S., 1976

17 K. Boelke, Analyse und Beurteilung von Lagesteuerungen für numerisch gesteuerte Werkzeugmaschinen, 106 S., 1977

18 F.-R. Götz, Regelsystem mit Modellrückkopplung für variable Streckenverstärkung, 116 S., 1977

19 H. Tränkle, Auswirkungen der Fehler in den Positionen der Maschinenachsen beim fünfachsigen Fräsen, 103 S., 1977

20 P. Stof, Untersuchungen über die Reduzierung dynamischer Bahnabweichungen bei numerisch gesteuerten Werkzeugmaschinen, 118 S., 1978

21 R. Wilhelm, Planung und Auslegung des Materialflusses flexibler Fertigungssysteme, 158 S., 1978

22 N. Kappen, Entwicklung und Einsatz einer direkten digitalen Grenzregelung für eine Fräsmaschine mit CNC, 123 S., 1979

23 H. G. Klug, Integration automatisierter technischer Betriebsbereiche, 124 S., 1978

24 D. Binder, Interpolation in numerischen Bahnsteuerungen, 132 S., 1979

25 O. Klingler, Steuerung spanender Werkzeugmaschinen mit Hilfe von Grenzregeleinrichtungen (ACC), 124 S., 1979

26 L. Schenke, Auslegung einer technologisch-geometrischen Grenzregelung für die Fräsbearbeitung, 113 S., 1979

27 H. Wörn, Numerische Steuersysteme-Aufbau und Schnittstellen eines Mehrprozessorsteuersystems, 141 S., 1979

28 P. B. Osofisan, Verbesserung des Datenflusses beim fünfachsigen NC-Fräsen, 104 S., 19

29 J. Berner, Verknüpfung fertigungstechnischer NC-Programmiersysteme, 101 S., 1979

30 K.-H. Böbel, Rechnerunterstützte Auslegung von Vorschubantrieben, 113 S., 1979

31 W. Dreher, NC-gerechte Beschreibung von Werkstücken in fertigungstechnisch orientierten Programmiersystemen, 105 S., 1980

32 R. Schurr, Rechnerunterstützte Projektsteuerung hydrostatischer Anlagen, 115 S., 1981

33 W. Sielaff, Fünfachsiges NC-Umfangfräsen verwundener Regelflächen. Beitrag zur Technologie und Teileprogrammierung, 97 S., 1981

34 J. Hesselbach, Digitale Lageregelung an numerisch gesteuerten Fertigungseinrichtungen, 111 S., 1981

35 P. Fischer, Rechnerunterstützte Erstellung von Schaltplänen am Beispiel der automatischen Hydraulikplanzeichnung, 111 S., 1981

36 U. Ackermann, Rechnerunterstützte Auswahl elektrischer Antriebe für spanende Werkzeugmaschinen, 118 S., 1981

37 W. Döttling, Flexible Fertigungssysteme – Steuerung und Überwachung des Fertigungsablaufs, 105 S., 1981

38 J. Firnau, Flexible Fertigungssysteme – Entwicklung und Erprobung eines zentralen Steuersystems, 112 S., 1982

39 A. Herrscher, Flexible Fertigungssysteme – Entwurf und Realisierung prozeßnaher Steuerungsfunktionen, 103 S., 1982

40 U. Spieth, Numerische Steuersysteme – Hardwareaufbau und Ablaufsteuerung eines Mehrprozessorsteuersystems, 115 S., 1982

41 A. Schimmele, Rechnerunterstützter Entwurf von Funktionssteuerungen für Fertigungseinrichtungen, 106 S., 1982

42 M. Sanzenbacher, NC-gerechte Beschreibung von Werkstücken mit gekrümmten Flächen, 105 S., 1982

43 W. Walter, Interaktive NC-Programmierung von Werkstücken mit gekrümmten Flächen, 112 S., 1982

44 J. Huan, Bahnregelung zur Bahnerzeugung an numerisch gesteuerten Werkzeugmaschinen, 95 S., 1982

45 H. Erne, Taktile Sensorführung für Handhabungseinrichtungen – Systematik und Auslegung der Steuerungen, 111 S., 1982

46 D. Plasch, Numerische Steuersysteme – Standardisierte Softwareschnittstellen in Mehrprozessor-Steuersystemen, 112 S., 1983

47 Z. L. Wang, NC-Programmierung – Maschinennaher Einsatz von fertigungstechnisch orientierten Programmiersystemen, 103 S., 1983

48 J. Schwager, Diagnose steuerungsexterner Fehler an Fertigungseinrichtungen, 121 S., 19

49 P. Klemm, Strukturierung von flexiblen Bediensystemen für numerische Steuerungen, 113 S., 1984

50 W. Runge, Simulation des dynamischen Verhaltens elektrohydraulischer Schaltungen – Einsatz von geräteorientierten, universellen Simulationsbausteinen, 132 S., 1984

51 H. Steinhilber, Planung und Realisierung von Werkzeugversorgungssystemen für die NC-Bearbeitung, 126 S., 1984

52 R. Ohnheiser, Integrierte Erstellung numerischer Steuerdaten für flexible Fertigungssysteme, 115 S., 1984

53 M. Keppeler, Führungsgrößenerzeugung für numerisch bahngesteuerte Industrieroboter, 125 S., 1984

54 P. Kohler, Automatisiertes Messen mit NC-Werkzeugmaschinen, 129 S., 1985

55 K.-H. Rieger, Rechnerunterstützte Projektierung der Hardware und Software von speicherprogrammierten Steuerungen, 123 S., 1985

56 G. Vogt, Digitale Regelung von Asynchronmotoren für numerisch gesteuerte Fertigungseinrichtungen, 126 S., 1985

57 S. Chmielnicki, Flexible Fertigungssysteme – Simulation der Prozesse als Hilfsmittel zur Planung und zum Test von Steuerprogrammen, 120 S., 1985

58 W. Renn, Struktur und Aufbau prozeßnaher Steuergeräte zur Verkettung in flexiblen Fertigungssystemen, 137 S., 1986

59 K. Harig, Quantisierung im Lageregelkreis numerisch gesteuerter Fertigungseinrichtungen, 113 S., 1986

60 H. Frank, Programmier- und Überwachungsfunktionen für teileartbezogene NC-Werkzeugmaschinen, 115 S., 1986

61 H. Möller, Integrierte Überwachungs- und Diagnose-Systeme für numerische Steuerungen, 131 S., 1986

62 H. Fink, Einsatz speicherprogrammierbarer Steuerungen in der Fertigungstechnik, 126 S., 1986

63 J. Fleckenstein, Zustandsgraphen für SPS – Grafikunterstützte Programmierung und steuerungsunabhängige Darstellung, 139 S., 1987

64 E. Wagner, Steuerungen von Koordinatenmeßgeräten mit schaltenden und messenden Tastsystemen, 133 S., 1987

65 W. Grimm, Diagnosesystem für steuerungsperiphere Fehler an Fertigungseinrichtungen, 143 S., 1987

66 W. Swoboda, Digitale Lageregelung für Maschinen mit schwach gedämpften schwingungsfähigen Bewegungsachsen, 141 S., 1987

67 G. Gruhler, Sensorgeführte Programmierung bahngesteuerter Industrieroboter, 119 S., 1987

68 B. Walker, Konfigurierbarer Funktionsblock Geometriedatenverarbeitung für numerische Steuerungen, 125 S., 1987

69 J. Mayer, Werkzeugorganisation für flexible Fertigungszellen und -systeme, 126 S., 1988

70 R. Lederer, Programmierung von NC-Drehmaschinen mit mehreren Werkzeugschlitten, 120 S., 1988

71 G. Häberle, NC-Musterprogrammierung für die rechnerintegrierte Textilfertigung, 127 S., 1988

72 D. Pfeiffer, Kompensation thermisch bedingter Bearbeitungsfehler durch prozeßnahe Qualitätsregelung 135 S., 1988

73 W. Schmidt, Grafikunterstütztes Simulationssystem für komplexe Bearbeitungsvorgänge in numerischen Steuerungen, 141 S., 1988

74 M. Egner, Hochdynamische Lageregelung mit elektrohydraulischen Antrieben, 147 S., 1988

75 W. Schittenhelm, Konfigurierbares Bedienungssystem für Steuerungen an Fertigungseinrichtungen, 136 S., 1988

76 D. Scheifele, Grafisch dynamische Simulation des Bearbeitungsvorgangs für Doppelschlittendrehmaschinen, 121 S., 1988

77 G. Keuper, Automatisierte Identifikation der Streckenparameter servohydraulischer Vorschubantriebe, 152 S., 1989

78 K.-H. Kayser, Kollisionserkennung in numerischen Steuerungen mit der Distanzfeldmethode, 131 S., 1989

79 R. Viefhaus, Fräsergeometriekorrektur in Numerischen Steuerungen, 157 S., 1989

80 J. Zirbs, Fertigungsgerechte Aufbereitung von Flächenverbänden bei der NC-Programmierung im Formenbau, 130 S., 1989

81 W. Ruoff, Optische Sensorsysteme zur On-line-Führung von Industrierobotern, 123 S., 1989

82 M. Jantzer, Bahnverhalten und Regelung fahrerloser Transportsysteme ohne Spurbindung, 131 S., 1990

Die Bände ISW 1 bis ISW 62 sind vergriffen.

Die Bände sind im Erscheinungsjahr und in den folgenden drei Kalenderjahren zu beziehen durch den örtlichen Buchhandel oder durch Lange & Springer, Otto-Suhr-Allee 26-28, 1000 Berlin 10.

GPSR Compliance

The European Union's (EU) General Product Safety Regulation (GPSR) is a set of rules that requires consumer products to be safe and our obligations to ensure this.

If you have any concerns about our products, you can contact us on ProductSafety@springernature.com

In case Publisher is established outside the EU, the EU authorized representative is:

Springer Nature Customer Service Center GmbH
Europaplatz 3
69115 Heidelberg, Germany

Batch number: 10682421

Printed by Printforce, the Netherlands